分布式自适应系统
辨识与控制理论

陈为胜　李　靖　著

科学出版社

北京

内 容 简 介

本书旨在介绍作者及其研究团队在分布式自适应系统辨识与控制理论方面多年的最新研究成果. 全书共 6 章, 第 1、2 章分别为绪论和相关数学基础; 第 3 章为分布式自适应系统辨识方法与分析; 第 4 章为分布式合作自适应控制; 第 5 章为连续时间分布式合作学习自适应控制算法设计和分析; 第 6 章为离散时间非线性系统的分布式合作学习控制方案设计. 本书主要关注从分布式技术中总结出来的理论与方法层面的问题, 但相关研究结论可以为解决多智能体系统、通信网络、交通网络等相关的网络化控制系统的辨识和控制问题提供借鉴和指导.

本书适合通信、计算机、自动控制等专业的学生、教师及相关工程技术人员学习或参考.

图书在版编目 (CIP) 数据

分布式自适应系统辨识与控制理论/陈为胜, 李靖著. —北京: 科学出版社, 2019.6
   ISBN 978-7-03-060021-9

   Ⅰ. ①分…   Ⅱ. ①陈…   ②李…   Ⅲ. ①分布式处理系统-自适应控制系统-研究   Ⅳ. ①TP338   ②TP273

中国版本图书馆 CIP 数据核字 (2018) 第 283306 号

责任编辑: 李 萍/责任校对: 郭瑞芝
责任印制: 张 伟/封面设计: 陈 敬

科 学 出 版 社 出版
北京东黄城根北街 16 号
邮政编码: 100717
http://www.sciencep.com

涿州市东南印刷厂 印刷
科学出版社发行 各地新华书店经销

*

2019 年 6 月第 一 版   开本: 720×1000 B5
2020 年 1 月第二次印刷   印张: 10 1/2
字数: 212 000
定价: 90.00 元
(如有印装质量问题, 我社负责调换)

前　　言

进入 21 世纪以后, 随着数字化技术与网络化技术的普及, 人类已经进入一个全新的时代. 其中, 以去中心化为代表的分布式技术已经成为这个时代代表性的创新技术之一, 如大数据的分布式储存技术、飞行器分布式编队和区块链技术等. 这些新技术延伸出一些急需解决的新的基础理论问题, 就是本书研究的出发点.

当前系统辨识理论已经发展成为系统理论中一个重要分支, 吸引了大量研究人员的兴趣. 虽然关于线性系统辨识问题的研究已经取得了许多理论和应用成果, 但对于复杂的非线性动力系统研究, 还处于不能令人满意的状态. 虽然在持续激励条件下, 确定性学习理论已经成功地解决了单个体未知非线性系统基于神经网络控制的辨识问题, 但通过确定性学习方法获得的逼近域只是单个的轨迹, 对于多个体的未知非线性系统, 如何放松持续激励条件和扩大逼近域还需要进一步的研究.

分布式合作学习控制是传统的自适应学习控制的进一步延伸, 是从当前工程实践的分布式技术问题中抽象出来的, 如多智能体系统的编队和协同控制问题、交通流的控制问题等. 这些问题都涉及网络化系统的辨识和学习控制. 传统的集中式自适应学习控制利用了所有的系统信息, 实现起来极为复杂且昂贵; 分布式合作学习控制与传统的集中式自适应学习控制最大的不同是自适应律仅用到了系统的局部信息, 易于设计和实现.

本书各章均配有仿真实例, 它们是本书不可缺少的重要组成部分. 实现这些仿真实例, 有助于读者正确理解和掌握书中给出的概念、设计和方法.

本书的研究成果得到多个研究机构的支持, 特别感谢国家自然科学基金面上项目 (61673308,61673014)、教育部新世纪优秀人才支持计划 (NCET-10-0665)、陕西省自然科学基金面上项目 (2018JM6026)、西安电子科技大学华山学者支持计划. 感谢团队老师戴浩、房新鹏、邬晓敬、常晶在统稿等方面所做的大量工作, 感谢博士生高飞、硕士生花少勇和马建宏在相关内容方面所做的研究工作, 感谢硕士生任广山、郑曲乐、孙乐乐、刘晓梅、梁宇轩在书稿整理方面所做的贡献, 还有其他对相关研究提出建设性意见的同行, 在此一并致谢!

　　本书作者长期从事分布式合作学习、辨识与控制理论和方法领域的研究工作, 本书是作者及团队成员多年来相关研究成果的工作总结和提炼. 由于作者水平有限, 书中难免存在不足之处, 恳请读者批评指正.

作　者

2019 年 6 月于西安

目　　录

符 号 表

$\forall$	任意
$\in$	属于
$\subset$	包含于
$\exists$	存在
$\mathbb{N}$	全体自然数组成的集合
$\mathbb{R}$	全体实数组成的集合
$\mathbb{R}_+$	全体正实数组成的集合
$\mathbb{R}_{\geqslant 0}$	全体非负实数组成的集合
$\mathbb{R}^n$	全体 n 维实向量组成的集合
$\mathbb{R}^{m \times n}$	全体 $m \times n$ 维实矩阵组成的集合
$\mathbb{Z}_+$	全体正整数组成的集合
B_r	半径小于 r 的开球体
$D(t, x)$	含有 x 的时变矩阵
$\dot{P}(t, x)$	$P(t, x)$ 矩阵的一阶导数
A_{mn}	$m \times n$ 阶矩阵
$\bar{x}_{i,j}$	x 矩阵第 i 行的转置
$\mathcal{G}$	固定网络拓扑
$\mathbf{1}_n$	维数为 n 的全 1 向量
$\mathbf{0}_n$	维数为 n 的全 0 向量
I_n	n 阶单位矩阵
$A \otimes B$	矩阵 A 和 B 的克罗内克积
$x^{\mathrm{T}} y$	欧氏空间中的向量 x 与 y 的内积
x^{T}	矩阵 x 的转置

$\|x\|$	向量 x 的欧氏范数, 即 $\sqrt{x^{\mathrm{T}}x}$
$\|x\|$	标量 x 的绝对值
$f(x)$	实函数
$\nabla f(x)$	实函数 $f(x)$ 的梯度, $x \in \mathbb{R}^n$
$\nabla^2 f(x)$	实函数 $f(x)$ 的 Hessian 矩阵, $x \in \mathbb{R}^n$
$\partial f(x)$	凸函数 $f(x)$ 的次梯度, $x \in \mathbb{R}^n$
$\inf$	取下确界
$\arg\min_X f(x)$	实函数 $f(x)$ 在集合 X 上的全局最小值点集合
$\sigma_{\min}(A)$	矩阵 A 的最小奇异值
$\mathcal{G}(\mathcal{V}, \varepsilon, \mathcal{A})$	加权有向图
$\mathcal{V}$	节点集
ε	边集合
$\mathcal{A}$	加权的邻接矩阵
$\mathcal{L}$	图的拉普拉斯矩阵
$\mathcal{N}_i$	节点 i 的一组邻居
$(\mathcal{N}_j)^{\mathrm{in}}, (\mathcal{N}_j)^{\mathrm{out}}$	分别表示节点 j 的邻居和外部邻居
$(d_j)^{\mathrm{in}}, (d_j)^{\mathrm{out}}$	分别表示 $(\mathcal{N}_j)^{\mathrm{in}}$ 和 $(\mathcal{N}_j)^{\mathrm{out}}$ 的个数
$\mathrm{diag}(A_i)$	具有对角块 A_i 的块对角矩阵
$\rho(\cdot)$	矩阵的谱半径

缩 略 语 表

CL	centralized learning	集中式学习
DCA	distributed cooperative adaptation	分布式合作自适应
DCL	distributed cooperative learning	分布式合作学习
DL	decentralized learning	分散式学习
DPM	linear "dynamic" parametric model	线性"动态"参数化模型
λ-UGES	λ-uniformly globally exponentially stable	$\lambda-$ 全局一致指数稳定的
λ-ULES	λ-uniformly locally exponentially stable	$\lambda-$ 局部一致指数稳定的
LF	leader-following	领导 – 跟随
LTV	linear time-variant	线性时变
MAS	multi-agent system	多智能体系统
MIMO	multiple-input multiple-output	多输入多输出
MSD	mass-spring-damper	质量块-弹簧-缓冲器
NCS	networked control system	网络化控制系统
NECS	networked embedded control system	网络化嵌入式控制系统
NN	neural network	神经网络
PE	persistent excitation	持续激励
RBF	radial basis function	径向基函数
SPM	"static" parametric model	"静态"参数化模型
UCO	uniformly completely observable	一致完全可观的
UES	uniformly exponentially stable	一致指数稳定的
UGAS	uniformly globally asymptotically stable	全局一致渐近稳定的
UGES	uniformly globally exponentially stable	全局一致指数稳定的
UGPE	uniformly globally persistent excitation	全局一致持续激励

ULES	uniformly locally exponentially stable	局部一致指数稳定的
ULPE	uniformly locally persistent excitation	局部一致持续激励
UPE	uniformly persistent excitation	一致持续激励
UUB	uniformly ultimately bounded	一致最终有界

第1章 绪 论

1.1 系统辨识与控制理论的发展历程

系统辨识是由德国著名的天文学家开普勒最早提出来的, 他通过观测行星运动的情况, 对行星的运动规律建立了一套数学模型, 这就是雏形阶段的系统辨识. 那么, 什么是系统辨识呢? 这个问题要从动态系统谈起[1]. 动态系统广泛存在于自然科学和社会科学的各个领域. 例如, 在 20 世纪 60 年代发展起来的生态学中, 族数动力学指出, 某时刻的牲口数、鱼条数都可以用常微分方程或偏微分方程来描述, 研究族数动态系统模型, 可以预测若干年后的族数, 人口模型也属于这一类型. 利用人口模型可以预测 10 年、20 年、30 年后的人口数. 改变人口模型中的某些参数, 可以研究人口政策对人口发展的影响. 在水资源方面, 对于河流和水库水量的测量和控制, 是供水和水源规划、管理最重要的工作之一, 因此需要建立长期和短期的动态模型. 在交通方面, 从个别驾驶者来看, 交通流本质上是随机现象. 然而, 从宏观的角度来看, 当交通动力学以一些集结的变量表示时, 它又可以成为能够被惊人相似地复现的确定性过程, 可以用数学模型来描述. 在许多工业化的国家里, 对于超载拥挤的公路, 可以采用数学模型来实现多种目的, 如系统分析、交通仿真和预测、数据处理以及决定何种控制策略等. 在生物医学方面, 动态模型同样十分重要. 人体是一个十分复杂的系统, 其中包含着许许多多的动态子系统, 如人体的心血管系统是一个具有可变状态的生物学子系统. 由于这些子系统仍然十分复杂, 因此如何简化模型具有特别重要的意义. 在工业控制方面, 人们要进行生产过程的控制, 必须建立生产过程的动态模型, 作为控制器设计的基础.

综上所述, 在不同领域中存在着一个人们共同关心的问题, 就是如何建立正确的动态系统数学模型, 只有建立了正确的模型, 系统的分析、预测和综合才有了可靠的基础. 通俗地来讲, 系统辨识就是一种建立数学模型的方法, 根据学科领域的不同, 相对应的数学模型也不尽相同.

熟知的经典的系统辨识方法是最小二乘法, 它是由德国数学家高斯于 18 世纪提出来的. 虽然最小二乘法从提出至今已经经过了很长时间, 但这种方法至今仍然有着非常广泛的应用. 在系统辨识学科成立的短短几十年内, 系统辨识得到了长足的发展[2], 一些新的算法相继应用在了系统辨识中, 如蚁群算法、神经网络、量子粒子群算法等. 这些方法解决了系统输入无法保证、经典方法在非线性系统辨识中效果不好、不易得到全局最优解等问题.

根据对系统的组成、结构和支配系统的机理的了解程度, 可以将建模方法分为机理建模、系统辨识 (实验建模)、机理分析和系统辨识相结合的建模方法. 其中, 机理建模是利用各个专业学科领域提出来的物质和能量的守恒性、连续性原理和组成系统的结构形式, 建立描述系统的数学关系, 这样的建模方法也称为 "白箱问题". 如此建立的数学模型, 称为机理模型. 系统辨识 (实验建模) 从理论上是一种在没有任何可利用的先验信息 (即相关学科专业知识与相关数据) 的情况下, 应用所采集系统的输入和输出数据提取信息进行建模的方法. 这是一种实验建模的方法, 也称为 "黑箱问题". 这样建立的数学模型, 称为辨识模型, 也称为实验模型. 机理分析和系统辨识相结合的建模方法适用于系统的运动机理不是完全未知的情况. 这时, 可以利用系统的运动机理和运行经验确定出模型的结构 (如状态方程的维数或差分方程的阶数), 也可能分析出部分参数的大小或可能的取值范围, 再根据采集到的系统输入和输出的数据, 由系统辨识方法来估计和修正模型中的参数, 使其精确化. 这样的建模方法也称为 "灰箱问题". 实际中应用的辨识方法, 严格地说, 对 "黑箱问题" 一般是无法解决的. 通常提到的系统辨识, 往往是指 "灰箱问题".

虽然在各个领域中都存在着如何建立动态模型的问题, 但系统辨识却是从工业生产自动控制中产生的. 在 20 世纪 60 年代的工业过程中, 各种自动控制系统得到了广泛的应用, 这些系统包括了最简单的继电控制系统以及利用辅助变量的复杂回路控制系统. 在这个时期, 自动控制理论的发展也达到了一个比较高的水平, 当时经典的控制概念受到了新兴的现代控制理论的挑战. 随着计算机技术的快速发展及其成本的降低, 计算机作为在线检测的控制装置而得到了广泛的应用. 现代控制理论的研究和应用是以被控对象的数学模型为前提的, 往往要求系统的数学模型具有特定的形式, 以适合理论分析的需要. 然而, 在获得这些模型的研究中, 却出现了如何确定被控对象的数学模型等各种困难, 理论和实际之间出现了相当大的差距, 这也正是当时现代控制理论并没有得到充分应用的原因之一. 在这样的背景下, 系统辨识问题越来越受到人们的重视, 成为发展系统应用理论、认识实际对象特性以及研究和控制实际对象工作中不可缺少的一个重要手段.

系统辨识对研究对象的定量化描述的特点使得它在自动控制学科之外也得到了迅速的发展, 除了前述的应用外, 它的应用范围还包括对产品需求量、新型工业的增长规律这类经济系统, 已经建立并要求继续建立其定量的描述模型. 其他的应用如结构或机械的震动、地质分析、气象预报等也都涉及系统辨识的理论和方法, 且这类需求还在不断扩大.

当前系统辨识理论已经发展成为系统理论中一个重要分支. 在系统辨识理论中, 对于单变量线性系统辨识的理论和方法已经做了大量研究, 也取得了许多理论和应用成果. 但是, 对于多变量非线性系统的辨识, 尤其是它的结构辨识, 则还处于不能令人满意的状态. 系统辨识理论的发展, 一方面依赖于其他理论 (如系统结构理论、稳定性理论、模式识别、学习理论等) 的发展, 从而加深对系统内在性质的理解, 并提供新的估计算法; 另一方面, 又必须根据客观实际中提出的新问题 (如实验设计、准则函数的选取、模型的验证等) 在理论和实践的统一上加以解决, 从而充实理论并推动学科的发展[3].

因此, 系统辨识作为一个广阔的研究领域, 吸引了大量研究人员的兴趣[4-15]. 子空间辨识和预测误差辨识已经被成功应用于线性系统辨识[4, 5], 但对于复杂的非线性动力系统, 却很难建立精确的数学模型来描述和预测基于输入与输出数据的非线性动态. 由于神经网络 (neural network, NN) 的万能逼近特性, 它已经被广泛用于设计和分析非线性系统的辨识算法[6-13]. 自 20 世纪 90 年代以来, 基于 Lyapunov 方法的 NN 辨识和控制已经得到了很好的发展[13,16-30], 但基于 Lyapunov 方法的 NN 辨识和控制并不能保证所估计的 NN 权值收敛到其最优值. 这就意味着通过学习所得到的 NN 权值不能重复用于相同或相似的非线性系统.

为了克服这个缺点, 王聪等研究了径向基函数 (radial basis function, RBF)NN 的持续激励 (persistent excitation, PE) 性质, 并提出了确定性学习理论 [10,13,31-34]. 确定性学习理论在系统轨迹是周期或类周期的非线性动力系统的自适应辨识和控制方面取得了成功. 根据确定性学习理论, 如果 RBF NN 的中心位于规则网格上, 则回归子向量满足 PE 条件, 并由靠近系统轨迹的神经元中心组成. 在满足该 PE 条件的情况下, 靠近轨迹的神经元的权值指数收敛到最优值的一个小邻域. 同时, 对于远离轨迹的神经元, NN 权值几乎不变或仅被稍微加以更新. 因此, 在实践中, NN 权值可以被存储和重新用于相同或相似的任务.

1.2 分布式系统辨识与控制方法

确定性学习理论成功地解决了单个体未知非线性系统基于 NN 控制的辨识问题. 但是, 通过确定性学习理论获得的逼近域是单个的轨迹, 如何扩大逼近域还需要进一步的研究. 对于在空间中散布的具有相同结构的一组耦合系统, 各个子系统 (也称为 "节点" 或 "智能体") 通过通信网络与其邻居交换信息, 因此可以与邻居共享所学到的信息. 在这种情况下, 如果每个子系统有不同的轨迹, 则需要进一步探索保证所有节点的 NN 权值收敛到最优值的问题, 并放松 PE 条件.

由于应用的广泛性, 多智能体系统 (multi-agent system, MAS) 的辨识问题引起了研究者们的极大兴趣 [35-38]. Chen 等受一致性理论的启发, 研究了一组线性参数化系统的分布式自适应控制和辨识问题[14], 提出了合作 PE 条件, 该条件弱于传统的 PE 条件, 不需要每个线性参数化系统中的信号都满足 PE 条件, 这对于基于 NN 的多耦合系统的自适应控制和辨识非常重要. 利用合作 PE 条件, Chen 等进一步提出了分布式合作学习 (distributed collaborative learning, DCL) 理论[12], 并解决了一组未知非线性系统的 NN 跟踪控制问题. 文献 [12] 证明, 所有估计的 NN 权值在一个所有状态轨迹的并集 (联合轨迹) 上收敛到其最优值的一个小邻域内. 在这种情况下, 对于接近联合轨迹的神经元, NN 权值被激活, 而对于远离联合轨迹的其他神经元, 估计的 NN 权值几乎保持不变. 与确定性学习理论相比, DCL 理论得到的控制器具有更好的泛化能力, 原因是它们具有更大的逼近域.

然而, 对于这样一组耦合系统, 每个子系统需要通过通信网络与其邻居交换学习信息. 实际上, 数据通过数字通信网络 (如无线网络或因特网) 以分组的形式被周期性地接收或发送. 但是, 上面提到的文献采用的是连续通信. 众所周知, 连续或传统的周期通信可能导致能量、带宽和计算资源的浪费. 为了弥补连续通信或者周期通信的缺陷, 文献 [39] 提出了事件驱动方案的原始思想: 只有在状态离开平衡点、通过预定阈值时才对信号进行采样, 并通过事件驱动采样而不是周期采样以获得更好的采样性能. 由于事件驱动通信可减少通信流量并节省计算成本, 从而逐渐替代周期通信[40-52]. 文献 [40] 假设系统是从输入到状态稳定的, 研究了事件驱动调度算法. 随后, 文献 [43] 将其用于网络上的多智能体系统的协同控制, 并提出了一种基于事件广播的多智能体协同的新型控制策略. 文献 [41] 将基于模型的网络控制和事件驱动控制相结合, 以减少控制网络中的通信流量. 进一步地, 文献 [42] 针对具有通信延迟的线性系统研究了基于事件驱动的一致性问题. 文献 [44] 分别针对固定和时变的网络拓扑结构, 提出了基于 Lyapunov 方法的领导–跟随 (leader-following, LF) 的事件驱动一致性方案.

此外, 基于事件驱动的网络控制系统 (network control system, NCS) 的研究近年来也引起了一些研究者们的关注. 文献 [45] 考虑一个由多个耦合的子系统组成的分布式 NCS, 利用分布式事件驱动的反馈方案解决了时序问题, 其中子系统是否向邻居广播其状态信息仅由其状态误差决定. 文献 [51] 针对未知的多输入多输出 (multiple-input multiple-output, MIMO) 非线性系统提出了一种基于逼近的事件驱动控制方法, 其中线性参数化 NN 被用于逼近基于事件驱动采样的控制器, 利用脉冲动力学模型分析了闭环系统的稳定性. 该文献将 NN 逼近扩展到了基于事件驱动的采样, 得到了基于事件驱动的 NN 重构误差, 从而给出了一个关于 NN 逼近特性的有意义的结果. 针对网络化嵌入式控制系统 (networked embedded control system, NECS) 中的新问题, 文献 [52] 在具有可变通信延迟的情况下, 提出了一种基于事件的控制策略.

文献 [39] 及 [41] ∼ [52] 成功地运用事件驱动策略解决了系统稳定性的问题, 但事件驱动方案是否以及如何扩展到动态系统的合作辨识问题还需要进一步努力.

为了解决以上问题, 本书作者考虑一组结构相同 (但每个子系统的输入信号不同) 的未知非线性系统, 假定通信拓扑是无向的、连通的, 通过 RBF NN 提出了一种基于事件驱动通信的 DCL 系统辨识方案, 其中只有当 NN 权值误差范数超过指数衰减的阈值时, 系统才向其邻居广播 NN 权值.

1.3　本书内容安排

本书共 6 章. 其中第 1 章是绪论部分, 对系统辨识与控制理论的发展历程进行介绍, 并简要介绍分布式系统辨识与控制方法.

第 2 章为数学基础部分, 包括代数图论、NN 逼近理论、PE 条件、系统稳定性理论等基础知识.

第 3 章为分布式自适应系统辨识部分, 首先在一般框架下给出分布式合作自适应 (distributed cooperative adaptation, DCA) 方案; 其次, 将其应用到基于连续通信的分布式自适应系统辨识算法设计; 最后, 设计基于事件驱动通信的分布式自适应系统辨识算法, 并通过仿真实例验证算法的可靠性.

第 4 章为 DCA 方案的控制应用部分, 分别针对线性与非线性系统设计 DCA 控制方案, 并给出了仿真实例.

第 5 章为基于 RBF NN 的连续时间 DCL 控制部分, 分别针对连续通信和事件驱动通信, 研究多个未知连续时间非线性系统的 DCL 控制问题, 设计基于 RBF NN 的 DCL 策略, 分析闭环系统的稳定性和 NN 的学习能力, 进而研究基于经验的学习控制策略, 增大 NN 的泛化能力, 并进行仿真验证.

第 6 章将连续时间的 DCL 控制思想推广到对应的离散时间系统, 研究多个未知离散时间非线性系统的 DCL 控制问题, 并通过数值仿真验证结果的可靠性.

第 2 章 数 学 基 础

2.1 代 数 图 论

N 个系统之间的通信拓扑能表示为一个加权无向连通图, 记为 $\mathcal{G} \triangleq (\mathcal{V}, \varepsilon, \mathcal{A})$, 其中 $\mathcal{V} = \{v_1, v_2, \cdots, v_N\}$ 表示节点集, 节点 v_i 代表第 i 个系统; $\varepsilon \subseteq \mathcal{V} \times \mathcal{V}$ 表示边集合; $\mathcal{A} = [a_{ij}]_{N \times N}$ 是加权的邻接矩阵, 其中 $a_{ij} > 0$ 或 $a_{ij} = 0$. 假设每个节点都没有与自己相连的边, 即 $a_{ii} = 0$. 图 $\mathcal{G}$ 的拉普拉斯矩阵 $\mathcal{L}$ 定义为 $\mathcal{L} \triangleq [l_{ij}] \in \mathbb{R}^{N \times N}$, 其中 $l_{ii} = \sum\limits_{j=1}^{N} a_{ij}$; $l_{ij} = -a_{ij}(i \neq j)$, 它与邻接矩阵 $\mathcal{A}$ 相关.

如果任意两个节点 $v_i, v_j \in \mathcal{V}$ 间存在一条路径, 定义为边 $e_{ij} = (v_i, v_j)$, 这意味着节点 v_i 和 v_j 可以交换信息, 那么称图 $\mathcal{G}$ 是连通的. 如果对任意的 $v_i, v_j \in \mathcal{V}$ 都有 $(v_j, v_i) \in \mathcal{E} \Leftrightarrow (v_i, v_j) \in \mathcal{E}$ 成立, 则称图 $\mathcal{G}$ 是无向且连通的.

有向图 $\mathcal{G}$ 的拉普拉斯矩阵 $\mathcal{L}$ 的行和是零, 即 $\mathcal{L}\mathbf{1}_N = 0$. 对于一个拥有生成树的有向图, 满足 $r^{\mathrm{T}}\mathcal{L} = 0$ 和 $r^{\mathrm{T}}\mathbf{1}_N = 1$ 的 $r \in \mathbb{R}^{N \times 1}$ 是唯一的.

引理 2.1[53] 令 $\mathcal{L}$ 是图 $\mathcal{G}$ 的拉普拉斯矩阵. 对于无向图 $\mathcal{G}$, $\mathcal{L}$ 对称且半正定, 即 $\mathcal{L} = \mathcal{L}^{\mathrm{T}} \geqslant 0$, 那么 $\mathcal{L}$ 至少有一个零特征值且其余的特征值均为正实数. 进一步, 若图 $\mathcal{G}$ 是连通的, 则 $\mathcal{L}$ 只有一个零特征值, 且其余的特征值均为正实数. 特征值可以按照递增的顺序列出: $0 = \lambda_1(\mathcal{L}) \leqslant \cdots \leqslant \lambda_N(\mathcal{L})$.

2.2 克罗内克积

定义 2.1[54] 令 $A \in \mathbb{R}^{p \times q}$, $B \in \mathbb{R}^{m \times n}$, 则 A 和 B 的克罗内克积定义为

$$A \otimes B = \begin{bmatrix} a_{11}B & \cdots & a_{1q}B \\ \vdots & & \vdots \\ a_{p1}B & \cdots & a_{pq}B \end{bmatrix} \in \mathbb{R}^{pm \times qn}. \tag{2.1}$$

引理 2.2[54]   假设 $A \in \mathbb{R}^{n \times n}$ 有特征值 $\alpha_p, p = 1, \cdots, n$, $B \in \mathbb{R}^{m \times m}$ 有特征值 $\beta_q, q = 1, \cdots, m$, 那么 $A \otimes B$ 的 mn 个特征值是 $\alpha_1\beta_1, \cdots, \alpha_1\beta_m, \alpha_2\beta_1, \cdots,$ $\alpha_2\beta_m, \cdots, \alpha_n\beta_1, \cdots, \alpha_n\beta_m$. 此外, 如果 $x_1, \cdots, x_i(i \leqslant n)$ 是 A 的线性无关的右特征向量, $z_1, \cdots, z_j(j \leqslant m)$ 是 B 的线性无关的右特征向量, 则 $x_p \otimes z_q \in \mathbb{R}^{m \times n}$ 是 $\alpha_p\beta_q$ 对应 $A \otimes B$ 的线性无关的右特征向量.

引理 2.3[14]   令 $A \in \mathbb{R}^{m \times n}, B \in \mathbb{R}^{r \times s}, C \in \mathbb{R}^{n \times p}$ 和 $D \in \mathbb{R}^{s \times t}$, 则

$$(A \otimes B)(C \otimes D) = (AC) \otimes (BD),$$

$$(A \otimes B)^{\mathrm{T}} = A^{\mathrm{T}} \otimes B^{\mathrm{T}}.$$

2.3   径向基函数神经网络逼近理论

RBF NN 作为一类线性参数化的 NN, 被广泛用于设计自适应控制和系统辨识算法. 文献 [55] 已经证明, 如果隐含层含有足够多的神经元, 那么 RBF NN 可以以任意精度逼近任何未知光滑的非线性函数.

一个未知的光滑非线性函数 $f(Z): \mathbb{R}^m \to \mathbb{R}$ 在紧集 $\Omega_z \subset \mathbb{R}^m$ 可以被 RBF NN 逼近如下:

$$f(Z) = S(Z)^{\mathrm{T}}W + \varepsilon(Z), \tag{2.2}$$

其中, $W = [w_1, \cdots, w_l]^{\mathrm{T}} \in \mathbb{R}^l$ 表示输出层的理想权值向量; $S(Z) = [s_1(Z), \cdots,$ $s_l(Z)]^{\mathrm{T}}: \Omega_Z \to \mathbb{R}^l$ 是一个已知的光滑向量值函数, $l > 1$ 是隐含层神经元的数量, $s_i(\cdot)(i = 1, \cdots, l)$ 是激活函数, $\Omega_Z \subset \mathbb{R}^n$ 是逼近域; $\varepsilon(Z)$ 是 NN 逼近误差, 满足 $|\varepsilon(Z)| \leqslant \varepsilon$ (ε 是一个小的常数). 通常, 选择局部基函数作为 RBF NN 的激活函数. 本书选择如下形式的局部高斯函数作为激活函数:

$$s_i(Z) = \exp\left[-\frac{(Z - \xi_i)^{\mathrm{T}}(Z - \xi_i)}{\eta^2}\right] = s(\parallel Z - \xi_i \parallel), \tag{2.3}$$

其中, $\xi_i \in \Omega_Z$ 和 $\eta > 0$ 分别是激活函数 (作用域) 的中心和宽度. 理想的权值 W 是当 $\parallel \varepsilon(Z) \parallel$ 对于所有 $Z \in \Omega_Z$ 达到最小值时 $\hat{W}$ 的值. 形式上, 理想的权值定义

如下:

$$W := \arg \min_{\hat{W} \in \mathbb{R}^l} \{ \sup_{Z \in \Omega_Z} |f(Z) - S(Z)^{\mathrm{T}} \hat{W}| \}.$$

根据确定性学习理论[10], 如果局部 RBF NN 的中心位于覆盖紧集 Ω_Z 的规则网格上, 对于任意有界周期轨迹 $Z(t)$, 中心接近轨迹 $Z(t)$ 的神经元被激活, 则局部 RBF NN 可以沿着轨迹 $Z(t) \subset \Omega_Z$ 逼近连续非线性函数 $f(Z(t))$, 即

$$f(Z(t)) = S_\zeta(Z(t))^{\mathrm{T}} W_\zeta + \varepsilon_\zeta(Z(t)), \tag{2.4}$$

其中, $W_\zeta = [w_{l_1}, \cdots, w_{l_\zeta}]^{\mathrm{T}}$ 是 W 的一个子向量; $\varepsilon_\zeta(Z(t)) = O(\varepsilon(Z(t)))$ 是逼近误差; 回归子向量

$$S_\zeta(Z) = [s_{l_1}(Z(t)), \cdots, s_{l_\zeta}(Z(t))]^{\mathrm{T}}$$

$$= [s(\|Z(t) - \xi_{l_1}\|), \cdots, s(\|Z(t) - \xi_{l_\zeta}\|)]^{\mathrm{T}} \tag{2.5}$$

是 $S(Z(t))$ 的一个子向量, $s_{l_i}(\cdot)(i = 1, \cdots, l_\zeta)$ 是中心靠近轨迹 $Z(t)$ 的激活函数, $\xi_{l_1}, \cdots, \xi_{l_\zeta}$ 是轨迹 $Z(t)$ 的 ε-邻域中的 RBF NN 的中心. 中心 ξ_{l_i} 接近 $Z(t)$ 即轨迹 $Z(t)$ 可以访问中心 ξ_{l_i} 的 ε-邻域, 这意味着对于一些 $Z_{l_i} \in Z(t)$, 如果 $\|Z_{l_i} - \xi_{l_i}\| \leqslant \varepsilon$, 则 $|s(\|Z_{l_i} - \xi_{l_i}\|)| > \iota$ 成立, 其中 ι 是一个小的正常数. 因为 $Z(t)$ 是周期的, 所以 $Z(t)$ 可以在时间间隔 $[t_0, t_0 + T_0]$ 内访问以 ξ_{l_i} 为中心的 ε-邻域.

2.4 持续激励条件

在系统辨识和控制中, PE 条件是一个重要的概念.

2.4.1 一致持续激励条件

考虑系统

$$\dot{x} = f(t, x), x(t_0) = x_0, t \geqslant t_0, \tag{2.6}$$

其中, $f : [t_0, \infty) \times \mathbb{R}^n \to \mathbb{R}^n$ 关于 t 分段连续, 关于 x 在 $[t_0, \infty) \times \mathbb{R}^n$ 上 Lipchitz 连续, 且 $f(t, 0) = 0$. 记式 (2.6) 的初始条件为 (t_0, x_0), 解为 $x(t, t_0, x_0)$, 或简记 为 $x(t)$.

假设 $\phi : \mathbb{R}_{\geqslant 0} \times \mathbb{R}^n \to \mathbb{R}^{m \times n}$ 使得 $\phi(t, x(t, t_0, x_0))$ 对于每一个解 $x(t, t_0, x_0)$ 都 是局部可积的.

通过轻微改动文献 [56] 中的一致持续激励 (uniformly persistent excitation, UPE) 条件, 给出如下局部一致持续激励 (uniformly locally persistent excitation, ULPE) 条件.

定义 2.2 (ULPE)[12]   如果对于每一个 $r > 0$, 都存在两个常数 α 和 T_0, 使得 对 $\forall (t_0, x_0) \in \mathbb{R}_{\geqslant 0} \times B_r$, 相应的解都满足

$$\int_t^{t+T_0} \phi(\tau, x(\tau, t_0, x_0)) \phi(\tau, x(\tau, t_0, x_0))^{\mathrm{T}} \mathrm{d}\tau \geqslant \alpha I_m, \quad \forall t \geqslant t_0, \tag{2.7}$$

则称函数对 (ϕ, f) 或 ϕ 为 ULPE 的.

进一步地, 如果式 (2.7) 对所有的 $(t_0, x_0) \in \mathbb{R}^+ \times \mathbb{R}^n$ 都成立, 则称函数对 (ϕ, f) 或 ϕ 是全局一致持续激励 (uniformly globally persistent excitation, UGPE) 的.

定义 2.3 (λ-UPE)   如果存在两个正常数 α 和 T_0, 对于每个 $\lambda \in \Omega$, 都有

$$\int_t^{t+T_0} \phi(\tau, \lambda) \phi(\tau, \lambda)^{\mathrm{T}} \mathrm{d}\tau \geqslant \alpha I_m, \quad \forall t \geqslant 0, \tag{2.8}$$

则连续函数 $\phi(\cdot, \cdot) : \mathbb{R}^+ \times \Omega \to \mathbb{R}^{m \times n}$ 是 λ-UPE 的.

定义 2.4 (PE)[57]   考虑一个有界的时变矩阵函数列 $\phi(k) : \mathbb{Z}_+ \to \mathbb{R}^{m \times n}$, 如果 存在 $\alpha_0 > 0$ 和 $k_1 > 0$, 使得

$$\sum_{k=k_0}^{k_0+k_1-1} \phi(k) \phi(k)^{\mathrm{T}} \geqslant \alpha_0 I_m, \forall k_0 \in \mathbb{Z}_+, \tag{2.9}$$

或

$$\sum_{j=0}^{k_1-1} \phi(k+j) \phi(k+j)^{\mathrm{T}} \geqslant \alpha_0 k_1 I_m, \forall k \in \mathbb{Z}_+,$$

则称 $\{\phi(k) : \mathbb{Z}_+ \to \mathbb{R}^{m \times n}\}$ 是 PE 的.

2.4.2 合作一致持续激励条件

下面引入合作 PE 条件, 其弱于传统的 PE 条件.

定义 2.5(合作 PE) 考虑 N 个有界的时变矩阵列 $\{\phi_i(k) : \mathbb{Z}_+ \to \mathbb{R}^{m \times n}, i = 1, \cdots, N\}$, 如果存在 $\alpha_0 > 0$ 和 $k_1 > 0$, 使得

$$\sum_{i=1}^{N} \sum_{k=k_0}^{k_0+k_1-1} \phi_i(k)\phi_i(k)^{\mathrm{T}} \geqslant \alpha_0 I_m, \forall k_0 \in \mathbb{Z}_+, \tag{2.10}$$

则称矩阵列 $\{\phi_i(k) : \mathbb{Z}_+ \to \mathbb{R}^{m \times n}\}_{i=1}^{N}$ 满足合作 PE 条件.

定义 2.5 是一个离散时间形式的合作 PE 条件, 是文献 [14] 中连续时间形式的合作 PE 条件的直接推广. 类似地, 文献 [14] 中提到的传统 ULPE 条件可以放松为多智能体系统中的合作 ULPE 条件.

定义 2.6 (合作 ULPE 条件)[14] 考虑一列矩阵值函数 $\phi_i(t, x_i)(i = 1, \cdots, N)$. 如果对于每一个 $r > 0$, 都存在两个正常数 α 和 T_0, 使得对 $\forall(t_0, x_{i0}) \in \mathbb{R}_{\geqslant 0} \times B_r$, 相应的解都满足

$$\int_t^{t+T_0} \left[\sum_{i=1}^{N} \phi_i(\tau, x_i(\tau, t_0, x_i))\phi_i(\tau, x_i(\tau, t_0, x_{i0}))^{\mathrm{T}} \right] \mathrm{d}\tau \geqslant \alpha I_m, \forall t \geqslant t_0, \tag{2.11}$$

则称 $\phi_i(t, x_i), i = 1, 2, \cdots, N$ 满足合作 ULPE 条件.

不等式 (2.11) 表明不需要每个信号 $\phi_i(t, x_i)$ 都满足 PE 条件. 此外, 在多智能体系统的辨识和控制中, 根据文献 [14] 中定理 1, 能直接推广得到如下引理.

引理 2.4[12] 假设图 $\mathcal{G}$ 是无向和连通的. 考虑具有对角块 $B_i(t, \chi_i(t)) : [t_0, \infty) \times \mathbb{R}^l \to \mathbb{R}^{m \times n}(i = 1, \cdots, N)$ 的时变有界块对角矩阵 $B(t, \chi(t)) : [t_0, \infty) \times \mathbb{R}^{Nl} \to \mathbb{R}^{Nm \times Nn}$, 如果存在一个正常数 α 使得对所有的 $\forall t \geqslant t_0$, 如下不等式成立:

$$\int_t^{t+T_0} [B(\tau, \chi(\tau))B(\tau, \chi(\tau))^{\mathrm{T}} + \gamma \mathcal{L} \otimes I_m] \mathrm{d}\tau \geqslant \alpha I_{Nm}, \quad \forall t \geqslant t_0, \tag{2.12}$$

那么, $B_i(t, \chi_i(t))$ 是合作 ULPE 的. 其中, γ 是一个正常数, $\mathcal{L} \in \mathbb{R}^{N \times N}$ 是图 $\mathcal{G}$ 的拉普拉斯矩阵.

大多数闭环自适应系统可以用以下状态空间形式表示:

$$\dot{z} = A(t,\chi)z + B(t,\chi)^{\mathrm{T}}(\theta - \hat{\theta}), \tag{2.13}$$

$$\dot{\hat{\theta}} = C(t,\chi)^{\mathrm{T}}z, \tag{2.14}$$

其中, $z \in \mathbb{R}^n$ 表示辨识/跟踪误差, 是实际状态和估计状态/参考状态之间的差异; $\theta \in \mathbb{R}^m$ 表示未知的常数向量; $\hat{\theta}$ 表示其估计; $\chi = [z^{\mathrm{T}}, \hat{\theta}^{\mathrm{T}}]^{\mathrm{T}} \in \mathbb{R}^{n+m}$; t_0 表示初始时间; $A : [t_0, +\infty) \times \mathbb{R}^{n+m} \rightarrow \mathbb{R}^{n \times n}, B : [t_0, +\infty) \times \mathbb{R}^{n+m} \rightarrow \mathbb{R}^{m \times n}$ 和 $C :$ $[t_0, +\infty) \times \mathbb{R}^{n+m} \rightarrow \mathbb{R}^{n \times m}$ 是时变矩阵, 依赖于外部信号和系统的初始条件.

假设第 i 个闭环自适应误差系统由下式给出:

$$\dot{z}_i = A_i(t,\chi_i)z_i + B_i(t,\chi_i)^{\mathrm{T}}(\theta - \hat{\theta}_i), i = 1, \cdots, N, \tag{2.15}$$

其中, $\chi_i, z_i, A_i(t,\chi_i), B_i(t,\chi_i), \hat{\theta}_i$ 和 θ 的定义分别类似于式 (2.13) 中的 $\chi, z, A(t,\chi), B(t,\chi), \hat{\theta}$ 和 θ.

如果采用式 (2.14) 的分散自适应律来估计式 (2.15) 中每个系统的 θ, 则有

$$\dot{\hat{\theta}}_i = C_i(t,\chi_i)^{\mathrm{T}}z_i, \tag{2.16}$$

那么, 只有所有的 $B_i(t,\chi_i)(i = 1, \cdots, N)$ 均满足 PE 条件, 才能保证估计参数向量 $\hat{\theta}_i$ 收敛至其真值 θ.

类似于文献 [14] 中定理 4.2 的证明, 可以直接获得如下引理.

引理 2.5 考虑具有对角块 $B_i(k) : \mathbb{Z}_+ \rightarrow \mathbb{R}^{m \times n}(i = 1, \cdots, N)$ 的离散时间对角分块矩阵 $B(k) : \mathbb{Z}_+ \rightarrow \mathbb{R}^{Nm \times Nn}$. 如果存在一个正常数 α, 使得

$$\sum_{k=k_0}^{k_0+k_1-1} \left[B(k)B(k)^{\mathrm{T}} + \gamma k_1 \mathcal{L} \otimes I_m \right] \geqslant \alpha I_{Nm}, \forall k \in \mathbb{Z}_+, \tag{2.17}$$

那么, $\{B_i(k)\}_{i=1}^N$ 满足合作 PE 条件. 其中, γ 是一个正常数, $\mathcal{L} \in \mathbb{R}^{N \times N}$ 是一个无向连通图的拉普拉斯矩阵.

2.4.3 径向基函数神经网络的持续激励性能

目前, RBF NN 的 PE 性能已得到了广泛的研究. 当 RBF NN 应用于系统辨识或自适应控制时, 决定回归向量

$$S(Z(t)) = [s(\|Z(t) - \xi_1\|), \cdots, s(\|Z(t) - \xi_l\|)]^{\mathrm{T}} \tag{2.18}$$

是否满足 PE 条件是一个关键点, 其中 $Z(t)$ 是系统轨迹.

文献 [15] 已证明: 如果系统轨迹是周期性的或遍历的, 这意味着轨迹可以周期性地访问所有神经元中心的 ε-邻域, 则回归向量 $S(Z(t))$ 是 PE 的, 其中 ε 满足

$$0 < \varepsilon < \kappa = \frac{1}{2} \min_{i \neq j} \|\xi_i - \xi_j\|. \tag{2.19}$$

由此, 可得下面引理.

引理 2.6[15] 对于每一个 $T_0 > 0$ 和 $t_0 > 0$, 令 $\mathcal{I}$ 为 $[0, \infty)$ 上的一个有界 u-可测子集, 取 $\mathcal{I} = [t_0, t_0 + T_0]$,

$$\mathcal{I}_k = \{t \in \mathcal{I} : \|Z(t) - \xi_k\|\}, k = 1, \cdots, l. \tag{2.20}$$

令 ε 受限于式 (2.19). 如果 $u(\mathcal{I}_i) > \eta_0$, 则回归向量 $S(Z(t))$ 是 PE 的, 其中正常数 η_0 不依赖 t_0.

注 2.1 引理2.6指出周期性轨迹 $Z(t)$ 必须在时间间隔 $[t_0, t_0 + T_0]$ 内访问 RBF NN 中所有神经元中心的 ε-邻域. 此处 ε-邻域的大小小于两个相邻中心之间的最小距离的一半, 这意味着两个相邻的 ε-邻域不相交, 即要求系统轨迹 $Z(t)$ 理想, 但这在实践中很难满足. 为了克服这个问题, 文献[10] 放松了式 (2.19) 的限制条件:

$$\epsilon \geqslant \varepsilon \geqslant 2\kappa = \min_{i \neq j} \|\xi_i - \xi_j\|. \tag{2.21}$$

进一步地, 文献 [10] 证明了回归子向量 $S_\zeta(Z)$ 也是 PE 的. 结论描述为如下引理.

引理 2.7[10] 考虑周期为 T_0 的周期轨迹 $Z(t)$. 假设 $Z(t) : [0, \infty) \to \Omega$ 连续, $\dot{Z}(t)$ 在 Ω 内有界, 其中紧集 $\Omega \subset \mathbb{R}^q$. 那么, 对于中心位于覆盖紧集 Ω 的规则网络上的局部 RBF NN, 回归子向量 $S_\zeta(Z)$ 是 PE 的.

注 2.2　对于单轨迹 $Z(t)$, 引理2.7表明回归子向量 $S_\zeta(Z)$ 是 PE 的. 但对于多智能体系统的辨识, 轨迹 $Z(t) = Z_1(t) \cup \cdots \cup Z_N(t)$ 是联合轨迹. 接近联合轨迹 $Z(t)$ 的中心数量大于接近单个轨迹 $Z_k(t)$ 的中心数量, 并且 $Z_k(t)$ 可能访问时间间隔 $[t_0, t_0 + T_0]$ 内靠近联合轨迹 $Z(t)$ 的部分中心的 ε-邻域, 这意味着回归子向量 $S_\zeta(Z_k(t))$ 可能不满足传统的 PE 条件. 在多智能体系统中, 回归子向量被扩展到以下矩阵:

$$\Phi_\zeta(Z) = \mathrm{diag}\big[S_\zeta(Z_1(t)), \cdots, S_\zeta(Z_N(t))\big], \tag{2.22}$$

其中,

$$S_\zeta(Z_k(t)) = [s(\|Z_k(t) - \xi_{j_1}\|), \cdots, s(\|Z_k(t) - \xi_{j_\zeta}\|)]^{\mathrm{T}}.$$

在这种情况下, $S_\zeta(Z_k(t))$ 满足合作 ULPE 条件, 具体表述见引理 2.10.

引理 2.8[15]　令 $Z_i \in \mathbb{R}^m (i = 1, \cdots, l)$, 如果

$$A = A(Z_1, \cdots, Z_l) = \begin{bmatrix} s(\| Z_1 - \xi_1 \|) & \cdots & s(\| Z_1 - \xi_l \|) \\ & \vdots & \vdots \\ s(\| Z_l - \xi_1 \|) & \cdots & s(\| Z_l - \xi_l \|) \end{bmatrix},$$

那么, 存在数 $\kappa > 0$ 和 $\theta = \theta(\kappa, \xi_1, \cdots, \xi_l) > 0$, 使得 $\|Ac\| \geqslant \theta\|c\|$ 对于所有的向量 $c \in \mathbb{R}^m$ 和所有满足 $\| Z_i - \xi_i \| \leqslant \kappa (i = 1, \cdots, l)$ 的集合都成立.

引理 2.9　令有界集 $\mathcal{I}$ 为集合 $[0, \infty)$ 的 μ-可测子集 (假设 $\mathcal{I} = [t_0, t_0 + T_0]$), 定义 $\mathcal{I}_i^k = \{t \in \mathcal{I} : \| Z_k(t) - \xi_i \| \leqslant \kappa\}(i = 1, \cdots, l; k = 1, \cdots, N)$, 其中 κ 满足引理2.8, 且 $0 < \kappa < h := \frac{1}{2}\min_{i \neq j} \| \xi_i - \xi_j \|$. 对任意的 t_0 和 $T_0 > 0$, 假设 $\mu(\cup_{k=1}^N \mathcal{I}_i^k) \geqslant \tau_0 (i = 1, \cdots, l)$, 其中 τ_0 是与 t_0 独立的正常数. 那么, $S(Z^k(t))$ 满足合作 ULPE 条件, 即存在一个正常数 α, 使得

$$\int_\mathcal{I} \sum_{k=1}^N S(Z_k(\tau)) S(Z_k(\tau))^{\mathrm{T}} \mathrm{d}\mu(\tau) \geqslant \alpha I_l. \tag{2.23}$$

证明 为了证明不等式 (2.23), 根据半正定矩阵的定义, 仅需要证明: 对于任意的常向量 $c \in \mathbb{R}^l$, 下面的不等式成立:

$$c^{\mathrm{T}}\left[\int_{\mathcal{I}} \sum_{k=1}^{N} S(Z_k(\tau))^{\mathrm{T}} \mathrm{d}\mu(\tau)\right] c = \int_{\mathcal{I}} \sum_{k=1}^{N} |S(Z_k(\tau))^{\mathrm{T}} c|^2 \mathrm{d}\mu(\tau) \geqslant \alpha \|c\|^2.$$

由于 κ 的限制, 可知以 ξ_i 为中心、κ 为半径的球互不相交. 因为 $\mathcal{I}_i^k$ 和 $\mathcal{I}_j^k$ 对所有的 $i \neq j (i, j = 1, \cdots, l)$ 均不相交, 所以对于任何的常向量 $c = [c_1, \cdots, c_l]^{\mathrm{T}} \in \mathbb{R}^l$, 下面的不等式成立:

$$\int_{\mathcal{I}} \sum_{k=1}^{N} |S(Z_k(\tau))^{\mathrm{T}} c|^2 \mathrm{d}\mu(\tau) \geqslant \sum_{k=1}^{N} \sum_{i=1}^{l} \int_{l_i^k} |S(Z_k(\tau))^{\mathrm{T}} c|^2 \mathrm{d}\mu(\tau). \tag{2.24}$$

若 $\mu(\mathcal{I}_i^1 \cup \cdots \cup \mathcal{I}_i^N) \geqslant \tau_0$, 则存在 $1 \leqslant k_i \leqslant N$, 使得 $\mu(\mathcal{I}_i^{k_i}) \geqslant \tau_1$ 成立, 其中 $0 < \tau_1 \leqslant \tau_0$, 那么

$$\sum_{k=1}^{N} \sum_{i=1}^{l} \int_{l_i^k} |S(Z_k(\tau))^{\mathrm{T}} c|^2 \mathrm{d}\mu(\tau) \geqslant \sum_{i=1}^{l} \int_{\mathcal{I}_i^{k_i}} |S(Z_{k_i}(\tau))^{\mathrm{T}} c|^2 \mathrm{d}\mu(\tau). \tag{2.25}$$

若 $\left|S(Z_{k_i}(\tau))^{\mathrm{T}} c\right|^2 = \left|\sum_{j=1}^{l} s\left(\|Z_{k_i}(t) - \xi_j\|\right) c_j\right|^2$ 和 $\|Z_{k_i}(t) - \xi_j\| \leqslant \kappa$ 对于 $t \in \mathcal{I}_i^{k_i}$ 均成立, 则

$$\max_{\|Z^{k_i}(t) - \xi_j\| \leqslant \kappa} \left|\sum_{j=1}^{l} s\left(\|Z^{k_i}(t) - \xi_j\|\right) c_j\right|^2 \int_{\mathcal{I}_i^{k_i}} \mathrm{d}\mu(\tau)$$

$$\geqslant \int_{\mathcal{I}_i^{k_i}} |S(Z^{k_i}(\tau))^{\mathrm{T}} c|^2 \mathrm{d}\mu(\tau)$$

$$\geqslant \min_{\|Z^{k_i}(t) - \xi_j\| \leqslant \kappa} \left|\sum_{j=1}^{l} s\left(\|Z^{k_i}(t) - \xi_j\|\right) c_j\right|^2 \int_{\mathcal{I}_i^{k_i}} \mathrm{d}\mu(\tau).$$

根据 $\left|\sum_{j=1}^{l} s\left(\|Z^{k_i}(t) - \xi_j\|\right) c_j\right|^2$ 在紧集上是连续的, 运用中值定理可知: 存在 $Z^{k_i}(t_i)$: $= Z_i^{k_i} \in \mathbb{R}^l$, 使得

$$\left\|Z_i^{k_i} - \xi_i\right\| \leqslant \kappa \int_{\mathcal{I}_i^{k_i}} |S(Z^{k_i}(\tau))^{\mathrm{T}} c|^2 \mathrm{d}\mu(\tau) = \left|\sum_{j=1}^{l} s(\|Z_i^{k_i} - \xi_j\|) c_j\right|^2 \mu(\mathcal{I}_i^{k_i}).$$

由 $\mu(\mathcal{I}_i^{k_i}) \geqslant \tau_1 (i = 1, \cdots, l)$ 可知, 对任意的常向量 $c \in \mathbb{R}^l$,

$$\sum_{i=1}^{l} \int_{\mathcal{I}_i^{k_i}} S(Z^{k_i}(\tau))^{\mathrm{T}} c|^2 \mathrm{d}\mu(\tau) \geqslant \sum_{i=1}^{l} \left| \sum_{j=1}^{l} s(\|Z_i^{k_i} - \xi_j\|) c_j \right|^2 \tau_1 = \|Ac\|^2 \tau_1,$$

其中,

$$A = \begin{bmatrix} s(\| Z_1^{k_1} - \xi_1 \|) & \cdots & s(\| Z_1^{k_1} - \xi_l \|) \\ \vdots & & \vdots \\ s(\| Z_l^{k_l} - \xi_1 \|) & \cdots & s(\| Z_l^{k_l} - \xi_l \|) \end{bmatrix}.$$

利用引理 2.8 可得, $\|Ac\|^2 \geqslant \theta^2 \tau_1 \|c\|^2$, 其中 θ 是一个正常数. 设 $\alpha = \theta^2 \tau_1$, 观察不

等式 (2.24) 和不等式 (2.25), 可得 $\int_I \sum_{k=1}^{N} |S(Z^k(\tau))^{\mathrm{T}} c|^2 \mathrm{d}\mu(\tau) \geqslant \alpha \|c\|^2$.　　　□

下面给出比引理 2.9 更一般的结论.

引理 2.10　记 $Z(t)$ 是周期轨迹 $Z^k(t)(k = 1, \cdots, N)$ 的并集, 即 $Z(t) = Z^1(t)$ $\cup \cdots \cup Z^N(t)$, 令有界集 $\mathcal{I}$ 为集合 $[0, \infty)$ 的有界 μ-可测子集 (假设 $\mathcal{I} = [t_0, t_0 + T_0]$), 其中 T_0 是 $Z(t)$ 的周期. 那么, $S_\zeta(Z^k(t))$ 满足合作 ULPE 条件, 即存在正常数 α, 使得

$$\int_{\mathcal{I}} \sum_{k=1}^{N} S_\zeta(Z^k(\tau)) S_\zeta(Z^k(\tau))^{\mathrm{T}} \mathrm{d}\mu(\tau) \geqslant \alpha I_{l_\zeta}. \tag{2.26}$$

证明　类似于文献 [10] 中的定理 2, 定义子集 $\mathcal{I}_i^k$ 为

$$\mathcal{I}_i^k = \left\{ t \in \mathcal{I} | \|Z^k(t) - \xi_{j_i}\| \leqslant \kappa \right\}, i = 1, \cdots, l_\zeta,$$

其中, κ 定义见引理 2.9. 由于集合 $\mathcal{I}_i^k$ 对于轨迹 $Z^k(t)$ 可能有重叠的部分, 为了解决这个问题, 类似于文献 [58], 定义 $\mathcal{I}_i^k$ 为

$$\mathcal{I}_i^k = \mathcal{I}_{i_0}^k + \mathcal{I}_{i_1}^k + \cdots + \mathcal{I}_{i_Q}^k,$$

其中, $1 \leqslant Q \leqslant l_\zeta - 1$; $\mathcal{I}_{i_0}^k$ 表示轨迹 $Z^k(t)$ 有且仅有与以 ξ_i 为中心的球相交的集合; $\mathcal{I}_{i_j}^k \subset \mathcal{I}_i^k (j = 1, \cdots, Q)$ 表示轨迹 $Z^k(t)$ 同时与 j 个其他有重叠部分的球相交的集合. 定义 $\mathcal{I}_i'^k = \mathcal{I}_{i_0}^k + \frac{1}{2}\mathcal{I}_{i_1}^k + \cdots + \frac{1}{Q+1}\mathcal{I}_{i_Q}^k$, 其中 $\frac{1}{m+1}\mathcal{I}_{i_m}^k (m = 1, \cdots, Q)$ 表示

轨迹 $Z^k(t)$ 与 $m+1$ 个有重叠部分的球相交的集合的平均. 因此, 集合 $\mathcal{I}_i^k$ 都从相交变成了不相交的集合 $\mathcal{I}_i'^k$. 因为所有的轨迹 $Z^k(t)(k=1,\cdots,N)$ 是周期或类周期的, 所以存在一个正常数 T_0, 使得轨迹的并集 $Z(t)$ 也是以 T_0 为周期的. 因此, 根据局部 RBF NN 的性质, 可得 $\mu(\bigcup_{k=1}^N \mathcal{I}_i^k) \geqslant \tau_0$. 这就表明, 存在正常数 τ_0' 满足 $\tau_0' \leqslant \tau_0$, 使得 $\mu(\bigcup_{k=1}^N \mathcal{I}_i'^k) \geqslant \tau_0'$. 因此, 可得下面的不等式:

$$\int_{\mathcal{I}} \sum_{k=1}^N |S(Z^k(\tau))^{\mathrm{T}}c|^2 \mathrm{d}\mu(\tau) \geqslant \sum_{k=1}^N \sum_{i=1}^l \int_{l_i^k} |S(Z^k(\tau))^{\mathrm{T}}c|^2 \mathrm{d}\mu(\tau),$$

其中, $c = [c_1, \cdots, c_{l_\varsigma}]$. 该不等式类似于不等式 (2.24), 根据引理 2.9 可以直接证明该引理余下的部分. $\square$

注 2.3 根据文献[15]中的引理3.4可知, 如果 RBF 回归向量 $S(Z_k(t))$ 满足局部 PE 条件, 每一个轨迹 $Z_k(t)$ 必须遍历每一个神经元 ξ_i 中心的小邻域. 但是, 这个条件相当强, 以至于在实际运用中很难达到. 引理2.9仅要求在联合轨迹 $Z_l(t) \cup \cdots \cup Z_N(t)$ 上遍历, 这就意味着 $[S(Z_1(t))^{\mathrm{T}}, \cdots, S(Z_N(t))^{\mathrm{T}}]^{\mathrm{T}}$ 满足 PE 条件. 在实际运用中, N 个轨迹遍历所有特定神经元中心 ξ_i 的小邻域依旧是不太可能的.

下面引理是对文献 [59] 中引理 3.3 的一个微小的改动.

引理 2.11 令 $\chi_i \in \mathbb{R}^m (i = 1, \cdots, l)$. 如果

$$A = A(\chi_1, \cdots, \chi_l) := \begin{bmatrix} \dfrac{s(\|\chi_1 - \xi_1\|)}{\Delta(\chi_1, \xi)} & \cdots & \dfrac{s(\|\chi_1 - \xi_l\|)}{\Delta(\chi_1, \xi)} \\ \vdots & & \vdots \\ \dfrac{s(\|\chi_l - \xi_1\|)}{\Delta(\chi_l, \xi)} & \cdots & \dfrac{s(\|\chi_l - \xi_l\|)}{\Delta(\chi_l, \xi)} \end{bmatrix},$$

那么存在常数 $\mu > 0$ 和 $\theta = \theta(\mu, \xi_1, \cdots, \xi_l) > 0$, 使得 $\|Ac\| \geqslant \theta\|c\|$ 对所有的 $c \in \mathbb{R}^m$ 均成立, 且 χ_i 满足 $\|\chi_i - \xi_i\| \leqslant \mu (i = 1, \cdots, l)$.

引理 2.12 令 $\mathcal{I} = \{k_0, k_0 + 1, \cdots, k_0 + k_1\}$ 是非负集, 定义

$$\mathcal{I}_j^i = \{k_j \in \mathcal{I} : \|\chi^i(k_j) - \xi_j\| \leqslant \mu\}, 1 \leqslant j \leqslant l, 1 \leqslant i \leqslant N,$$

其中, μ 满足引理2.11, 且

$$0 < \mu < h := \frac{1}{2} \min_{i \neq j} \|\xi_i - \xi_j\|$$

对所有的 $k_0 \in \mathbb{Z}_+$ 和 $k_1 \in \mathbb{Z}_+$ 均成立. 假设 $\bigcup_{i=1}^{N} \mathcal{I}_j^i \neq \varnothing$, 那么 $\{S(\chi^i(k))\}_{i=1}^{N}$ 是合作 PE 的, 即存在 $\alpha > 0$ 和 $k_1 > 0$, 使得

$$\sum_{k=k_0}^{k_0+k_1-1} \sum_{i=1}^{N} S(\chi^i(k))S(\chi^i(k))^{\mathrm{T}} \geqslant \alpha I_l, \forall k_0 \in \mathbb{Z}_+. \tag{2.27}$$

引理 2.13　令 $\mathcal{I} = \{k_0, k_0 + 1, \cdots, k_0 + k_1\}$ 是非负集, 定义

$$\mathcal{I}_j^i = \{k_j \in \mathcal{I} : \|\chi^i(k_j) - \xi_j\| \leqslant \mu\}, 1 \leqslant j \leqslant l, 1 \leqslant i \leqslant N,$$

其中, μ 满足引理2.11, 且 $\mu \geqslant \sqrt{m}h$, h 定义见引理2.12. 令 $\chi(k)$ 是周期或类周期轨迹 $\chi^i(k)(i = 1, \cdots, N)$ 的并集, 对所有的 $k_0 \in \mathbb{Z}_+$ 和 $k_1 \in \mathbb{Z}_+$ 均成立. 假设 $\bigcup_{i=1}^{N} \mathcal{I}_j^i \neq \varnothing$, 那么 $\{S_\zeta(\chi^i(k))\}_{i=1}^{N}$ 是合作 PE 的, 即存在 $\alpha > 0$ 和 $k_1 > 0$, 使得

$$\sum_{k=k_0}^{k_0+k_1-1} \sum_{i=1}^{N} S_\zeta(\chi^i(k))S_\zeta(\chi^i(k))^{\mathrm{T}} \geqslant \alpha I_{l_\zeta}, \forall k_0 \in \mathbb{Z}_+. \tag{2.28}$$

证明　由对称正定矩阵的定义可知, 要使不等式 (2.27) 成立, 只需要对 $c \in \mathbb{R}^l$ 证明下面的不等式成立:

$$c^{\mathrm{T}} \left[\sum_{k=k_0}^{k_0+k_1-1} \sum_{i=1}^{N} S(\chi^i(k))S^{\mathrm{T}}(\chi^i(k)) \right] c = \sum_{k=k_0}^{k_0+k_1-1} \sum_{i=1}^{N} \left| S^{\mathrm{T}}(\chi^i(k))c \right|^2 \geqslant \alpha \|c\|^2.$$

明显地, 在 ε 的严格要求下, $\mathcal{I}_p^i$ 和 $\mathcal{I}_j^i$ 对所有的 $p \neq j(p, j = 1, \cdots, l)$ 均不相交. 因此, 对任意的 $c = [c_1, \cdots, c_l]^{\mathrm{T}} \in \mathbb{R}^l$, 下面的不等式成立:

$$\sum_{k=k_0}^{k_0+k_1-1} \sum_{i=1}^{N} |S^{\mathrm{T}}(\chi^i(k))c|^2 \geqslant \sum_{i=1}^{N} \sum_{j=1}^{l} |S^{\mathrm{T}}(\chi^i(k_j))c|^2. \tag{2.29}$$

因为 $\bigcup_{i=1}^{N} \mathcal{I}_j^i \neq \varnothing$, 所以存在 $1 \leqslant i_j \leqslant N$, 使得 $\mathcal{I}_j^{i_j} \neq \varnothing$ 成立. 因此, 对任意的 $c \in \mathbb{R}^l$,

$$\sum_{i=1}^{N}\sum_{j=1}^{l}\left|S^{\mathrm{T}}(\chi^i(k_j))c\right|^2 \geqslant \sum_{j=1}^{l}\left|S^{\mathrm{T}}(\chi^{i_j}(k_j))c\right|^2 = \|Ac\|^2,$$

其中,

$$A = \begin{bmatrix} \dfrac{s(\|\chi^{i_1}(k_1)-\xi_1\|)}{\Delta(\chi^{i_1},\xi)} & \cdots & \dfrac{s(\|\chi^{i_1}(k_1)-\xi_l\|)}{\Delta(\chi^{i_1},\xi)} \\ \vdots & & \vdots \\ \dfrac{s(\|\chi^{i_l}(k_l)-\xi_1\|)}{\Delta(\chi^{i_l},\xi)} & \cdots & \dfrac{s(\|\chi^{i_l}(k_l)-\xi_l\|)}{\Delta(\chi^{i_l},\xi)} \end{bmatrix}. \tag{2.30}$$

由引理 2.11, 得 $\|Ac\|^2 \geqslant \theta^2\|c\|^2$, 其中 θ 是正常数. 令 $\alpha = \theta^2$, 考虑不等式 (2.29), 得

$$\sum_{k=k_0}^{k_0+k_1-1}\sum_{i=1}^{N} S(\chi^i(k))S^{\mathrm{T}}(\chi^i(k)) \geqslant \alpha I_l. \tag*{$\square$}$$

2.5 系统稳定性理论

2.5.1 连续时间非线性系统的稳定性

定义 2.7 (ULES)[56] **系统 [式 (2.6)] 的原点平衡态 $x=0$ 是局部一致指数稳定的** (uniformly locally exponentially stable, ULES), 如果存在正常数 γ_1, γ_2 和 r, 使得对于所有的 $t > t_0$ 和 $(t_0, x_0) \in \mathbb{R}_{\geqslant 0} \times B_r$, 系统的解满足

$$\| x(t, t_0, x_0) \| \leqslant \gamma_1 \| x_0 \| e^{-\gamma_2(t-t_0)}, \forall t \geqslant t_0. \tag{2.31}$$

进一步, 如果存在两个正常数 γ_1 和 γ_2, 使得式 (2.31) 对所有的 $(t_0, x_0) \in \mathbb{R}_+^0 \times \mathbb{R}^n$ 都成立, 则称系统 [式 (2.6)] 的原点平衡态 $x=0$ 是全局一致指数稳定的 (uniformly globally exponentially stable, UGES).

现在, 考虑下面的状态依赖的时变系统:

$$\begin{bmatrix} \dot{x_1} \\ \dot{x_2} \end{bmatrix} = \begin{bmatrix} A(t,x) & B(t,x)^{\mathrm{T}} \\ -C(t,x) & -D(t,x) \end{bmatrix} \begin{bmatrix} x_1 \\ x_2 \end{bmatrix} := F(t,x)x, x(t_0) = x_0, \tag{2.32}$$

其中, $x_1 \in \mathbb{R}^n$, $x_2 \in \mathbb{R}^m$, $x = [x_1{}^{\mathrm{T}}, x_2{}^{\mathrm{T}}]^{\mathrm{T}}$ 是系统状态向量; $A : [t_0, \infty) \times \mathbb{R}^{n+m} \to \mathbb{R}^{n \times m}$, $C : [t_0, \infty) \times \mathbb{R}^{m+n} \to \mathbb{R}^{m \times n}$ 和 $D : [t_0, \infty) \times \mathbb{R}^{n+m} \to \mathbb{R}^{m \times n}$ 都是状态依赖的系统矩阵.

进一步, 假设 $D(t, x)$ 是半正定矩阵. 类似于文献 [12] 和 [14], 为了分析式 (2.32) 的指数稳定性, 需要如下假设.

假设 2.1[14]   存在 $r > 0$ 和 $\phi_M > 0$, 使得对于所有的 $t \geqslant t_0$ 和 $(t_0, x_0) \in \mathbb{R}_{\geqslant 0} \times B_r$, 有

$$\max \left\{ \|B(t, x)\|, \|D(t, x)\|, \left\| \frac{\mathrm{d}B(t, x(t))}{\mathrm{d}(t)} \right\| \right\} \leqslant \phi_M.$$

假设 2.2[14]   存在 $r > 0$ 和对称矩阵 $P(t, x)$ 与 $Q(t, x)$, 使得对所有的 $t \geqslant t_0$ 和 $(t_0, x_0) \in \mathbb{R}_{\geqslant 0} \times B_r$, 均有 $A(t, x)^{\mathrm{T}} P(t, x) + P(t, x) A(t, x) + \dot{P}(t, x) = -Q(t, x)$. 并且, 存在 p_m, q_m, p_M 和 $q_M > 0$, 使得 $p_m I_m \leqslant P(t, x) \leqslant p_M I_n$ 和 $q_m I_m \leqslant Q(t, x) \leqslant q_M I_n$ 成立.

引理 2.14[14]   在假设 2.1 和假设 2.2 下, 对任意确定的正常数 r, 如果存在两个正常数 T_0 和 α, 使得对所有的 $(t_0, x_0) \in \mathbb{R}_{\geqslant 0} \times B_r$, 均满足:

$$\int_t^{t+T_0} [B(\tau, x(\tau, t_0, x_0)) B(\tau, x(\tau, t_0, x_0))^{\mathrm{T}} + D(\tau, x(\tau, t_0, x_0))] \mathrm{d}\tau$$

$$\geqslant \alpha I_m, \forall t \geqslant t_0, \tag{2.33}$$

则系统 [式 (2.32)] 是 ULES.

为了进一步分析受扰系统的指数稳定性, 考虑以下系统:

$$\dot{x} = f(t, x) + g(t, x), \qquad x(t_0) = x_0, \tag{2.34}$$

其中, $f : [t_0, \infty) \times D \to R^n$ 和 $g : [t_0, \infty) \times D \to R^n$ 关于 x 局部 Lipschitz 连续, 关于 t 在 $[t_0, \infty) \times D$ 上分段连续的, 且 $D \subset R^n$ 包含原点 $x = 0$. 可将式 (2.34) 所示系统看成是式 (2.6) 所示系统的受扰系统.

假设扰动项 $g(t, x)$ 满足边界条件

$$\|g(t, x)\| \leqslant \delta(t),$$

其中, $\delta(t)$ 是一个小的正时变边界. 并且, 假设 $g(t,x)$ 是一个不会消失的扰动, 即 $g(t,0) \neq 0$.

为了分析扰动系统的稳定性, 引入以下重要引理. 它表明, 如果扰动项一致最终有界 (uniformly ultimately bounded, UUB), 则解将最终有界.

引理 2.15[11]　设 $x = 0$ 是式 (2.6) 的指数稳定的平衡点, 令 $x(t)$ 表示式 (2.34) 的解. 假设 $g(t, x(t))$ 是 UUB, 即对所有的 $t \geq T$, $\|g(t, x(t))\| \leq \varepsilon$, 那么对于所有的 $t \geq T_0$, 都有 $\|x(t)\| \leq b$, 其中 b 与 ε 成正比, T_0 是有限时间.

引理 2.16　考虑系统 $\dot{x} = -\Phi(t,x)\Phi(t,x)^{\mathrm{T}}x$, 如果 $(\Phi, -\Phi\Phi^{\mathrm{T}})$ 是 UPE(或 UGPE) 的, 且存在一个常数 $\phi_m > 0$ 使得对所有的 $t \geq t_0$ 和 $(t_0, x_0) \in \mathbb{R}_+ \times B_r$(或 $(t_0, x_0) \in \mathbb{R}_+ \times \mathbb{R}^n$), $\|\Phi(t,x)\| \leq \phi_M$, 那么系统是 ULES(或 UGES).

为了利用合作 PE 条件来分析多智能体系统的指数稳定性, 考虑以下系统:

$$\begin{bmatrix} \dot{x}_1 \\ \dot{x}_2 \end{bmatrix} = \begin{bmatrix} A(t,x) & B(t,x)^{\mathrm{T}} \\ -C(t,x) & -\gamma\mathcal{L} \otimes I_m \end{bmatrix} \begin{bmatrix} x_1 \\ x_2 \end{bmatrix}, \quad x(t_0) = x_0, \quad (2.35)$$

其中, $x = [x_1^{\mathrm{T}}, x_2^{\mathrm{T}}]^{\mathrm{T}}$, $x_1 = [x_{11}, \cdots, x_{1N}]^{\mathrm{T}}$, $x_2 = [x_{21}, \cdots, x_{2N}]^{\mathrm{T}}$ 且 $x_{1i} \in \mathbb{R}^n$, $x_{2i} \in \mathbb{R}^m$, $i = 1, \cdots, N$; $A(t,x) = \mathrm{diag}\{A_1(t, x_{11}), \cdots, A_N(t, x_{1N})\}$, $A_i(t, x_{1i}) : [0, \infty) \times \mathbb{R}^n \to \mathbb{R}^{n \times n}$; $B(t,x) = \mathrm{diag}\{B_1(t, x_{21}), \cdots, B_N(t, x_{2N})\}$, $B_i(t, x_{2i}) : [0, \infty) \times \mathbb{R}^m \to \mathbb{R}^{m \times m}$; 且 $C(t,x) = \mathrm{diag}\{C_1(t, x_{11}), \cdots, C_N(t, x_{1N})\}$, $C_i(t, x_{1i}) : [0, \infty) \times \mathbb{R}^n \to \mathbb{R}^{n \times n}$, $i = 1, \cdots, N$; $\mathcal{L}$ 是图的拉普拉斯矩阵.

引理 2.17[14]　考虑式 (2.35) 所示系统. 对于每个 $r > 0$, 如果

(1) 对于所有 $t \geq t_0$ 和 $(t_0, x_0) \in \mathbb{R}_+ \times B_r$, $\|B(t,x)\|$ 和 $\|\dot{B}(t,x)\|$ 是有界的;

(2) 存在两个对称矩阵 $P(t,x)$ 和 $Q(t,x)$ 以及四个正常数 p_m, p_M, q_m 和 q_M 使得对于所有 $t \geq t_0$ 和 $(t_0, x_0) \in \mathbb{R}_+ \times B_r$, 均有

$$A(t,x)^{\mathrm{T}}P(t,x) + P(t,x)A(t,x) + \dot{P}(t,x) = -Q(t,x),$$

$$P(t,x)B(t,x)^{\mathrm{T}} = C(t,x)^{\mathrm{T}},$$

$$p_m I_n \leq P(t,x) \leq P_M I_n,$$

$$q_m I_n \leq Q(t,x) \leq q_M I_n$$

成立;

(3) $B_i(t, x_{2i}), i = 1, \cdots, N$ 满足合作 PE 条件.

那么, 式 (2.35) 所示系统是 ULES. 如果所有的假设条件对所有的 $(t_0, x_0) \in \mathbb{R}_+ \times \mathbb{R}^{n \times m}$ 都成立, 则式 (2.35) 所示系统是 UGES.

2.5.2 参数化时变系统的稳定性

考虑如下形式的非线性参数化时变系统:

$$\dot{x} = f(t, \lambda, x), \quad x(t_0) = x_0, t \geqslant t_0. \tag{2.36}$$

其中, $x \in \mathbb{R}^n$ 是系统状态向量; $\lambda \in \Omega$ 是一个常数向量, $\Omega \subset \mathbb{R}^q$ 是一个封闭的集合; $t_0 \in \mathbb{R}_+$ 表示初始时间; $f : [t_0, \infty) \times \Omega \times \mathbb{R}^n \to \mathbb{R}^n$ 关于 t 和 λ 是局部一致 Lipschitz 连续的, 且 $f(t, \lambda, 0) = 0$. 记式 (2.36) 由初始条件 (t_0, x_0) 出发的解为 $x(t, \lambda, t_0, x_0)$, 简记为 $x(t, \lambda)$.

定义 2.8 (λ-ULES 和 λ-UGES) 如果存在 $r > 0$, $k_\lambda > 0$ 和 $\gamma_\lambda > 0$, 对于所有的 $t \geqslant t_0$ 和 $\lambda \in \Omega$, 有

$$\|x(t, \lambda, t_0, x_0)\| \leqslant k_\lambda \|x_0\| \mathrm{e}^{-\gamma_\lambda(t-t_0)}, \tag{2.37}$$

则称系统 [式 (2.36)] 的原点 $x = 0$ 为 λ-ULES 的, 其中 $\|x_0\| < r$.

此外, 如果不等式 (2.37) 对所有 $(t_0, x_0) \in \mathbb{R}_+ \times \mathbb{R}^n$ 都成立, 则称系统 [式 (2.36)] 是 λ-UGES.

引理 2.18 考察系统 $\dot{x} = -\Phi(t, \lambda)\Phi(t, \lambda)^{\mathrm{T}}x$, 其中 $\lambda \in \Omega$ 是一个未知的常数向量. 假设 $\Phi(\cdot, \cdot)$ 是 λ-UPE 的. 如果对于 $k_\lambda = 1$, $\gamma_\lambda \geqslant \alpha/T_0(1 + \phi_M^2 T_0)^2$ 和所有的 $t \geqslant 0$, $\lambda \in \Omega$, 都存在一个常数 $\phi_M > 0$, 使得 $\|\Phi(t, \lambda)\| \leqslant \phi_M$, 则称系统是 λ-UGES.

进一步, 考虑如下形式的参数化线性时变 (linear time - variant, LTV) 系统:

$$\begin{bmatrix} \dot{x}_1 \\ \dot{x}_2 \end{bmatrix} = \begin{bmatrix} A(t, \lambda) & B(t, \lambda)^{\mathrm{T}} \\ -C(t, \lambda) & -D(t, \lambda) \end{bmatrix} \begin{bmatrix} x_1 \\ x_2 \end{bmatrix}. \tag{2.38}$$

其中, $x_1 \in \mathbb{R}^n$ 和 $x_2 \in \mathbb{R}^m$ 是系统状态; $\lambda \in \Omega$ 是未知的常数向量; $A(t, \lambda) : \mathbb{R}_+ \times \Omega \to \mathbb{R}^{n \times n}, B(t, \lambda) : \mathbb{R}_+ \times \Omega \to \mathbb{R}^{m \times n}, C(t, \lambda) : \mathbb{R}_+ \times \Omega \to \mathbb{R}^{m \times n}$ 和 $D(t, \lambda) : \mathbb{R}_+ \times \Omega \to$

$\mathbb{R}^{m \times m}$ 是系统矩阵.

进一步, 假设 $D(t, \lambda)$ 半正定. 为了分析系统 [式 (2.38)] 的指数稳定性, 进行以下假设.

假设 2.3 存在 $\phi_M > 0$, 对于所有 $t \geqslant 0$ 和 $\lambda \in \Omega$, 使得 $\left\{\|B(t, \lambda)\|, \|D(t, \lambda)\|, \left\|\dfrac{dB(t, \lambda)}{dt}\right\|\right\} \leqslant \phi_M$ 最大.

假设 2.4 存在对称矩阵 $P(t, \lambda)$ 和 $Q(t, \lambda)$, 使得 $P(t, \lambda)B(t, \lambda)^{\mathrm{T}} = C(t, \lambda)^{\mathrm{T}}$, $A(t, \lambda)^{\mathrm{T}}P(t, \lambda) + P(t, \lambda)A(t, \lambda) + \dot{P}(t, \lambda) \leqslant -Q(t, \lambda)$. 此外, 存在 p_m, q_m, p_M 和 $q_M > 0$ 对所有 $(t, \lambda) \in \mathbb{R}^+ \times \Omega$, $p_m I_n \leqslant P(t, \lambda) \leqslant p_M I_n$ 和 $q_m I_n \leqslant Q(t, \lambda) \leqslant q_M I_n$ 成立.

注 2.4 上述假设2.4与文献[60]中的相关假设相似, 但略有不同. 由于 λ 是常向量, 因此上述假设中的所有矩阵都是参数依赖的. 在下面引理 2.19 的证明中, 假设中的等式和不等式将用于构造参数依赖的 Lyapunov 函数. 注意: 利用参数依赖的等式或不等式来构造依赖于参数的 Lyapunov 函数的想法已被广泛用于现有工作中.

引理 2.19 在假设 2.3 和假设 2.4 下, 如果存在两个正常数 T_0 和 α, 使得对所有的 $(t, \lambda) \in \mathbb{R}_+^0 \times \Omega$, 有

$$\int_t^{t+T_0} [B(\tau, \lambda)B(\tau, \lambda)^{\mathrm{T}} + D(\tau, \lambda)]d\tau \geqslant \alpha I_m, \forall t \geqslant 0, \tag{2.39}$$

则式 (2.38) 是 λ-UGES.

2.5.3 离散时间线性时变系统的稳定性

考虑如下的离散时间线性时变系统:

$$x(k+1) = A(k)x(k) + d(k). \tag{2.40}$$

其中, $A(k): Z_+ \to \mathbb{R}^{n \times n}$ 是一个矩阵, $d(k)$ 是一个未知有界扰动并且满足 $\|d(k)\| \leqslant d_M, d_M$ 是一个已知的常数.

引理 2.20 考虑线性时变系统 [式 (2.40)], 假设存在正定对称常数矩阵 P 使

得

$$A^{\mathrm{T}}(k)PA(k) - P = -N(k)N^{\mathrm{T}}(k) \tag{2.41}$$

对所有的矩阵列 $\{N(k)\}$ 和常数 k 均成立, 那么状态 $x(k)$ 是 UUB 的.

进一步地, 如果 d_M 很小, 且 $(A(k), N(k))$ 一致完全可观的 (uniformly completely observable, UCO), 即存在常数 $\alpha, \beta > 0$ 和 $l > 0$, 使得

$$\alpha I_n \leqslant \sum_{j=0}^{l-1} \Phi^{\mathrm{T}}(k+j, k)N^{\mathrm{T}}(k+j)\Phi(k+j, k) \leqslant \beta I_n, \tag{2.42}$$

其中, $\Phi(k+j, k) = A(k+j-1)A(k+j-2)\cdots A(k+1)A(k)$ 是 $x^{\mathrm{T}}(k)Px(k)$ 的转移矩阵, $x(k)$ 指数收敛到原点的小邻域内; 如果将 UCO 的条件 $[A(k), N(k)]$ 改为 $[A(k) - K(k)N^{\mathrm{T}}(k), N(k)]$, 那么对任意的有界函数 $K(k)$, $x(k)$ 依旧收敛到原点的小邻域内.

证明　考虑如下 Lyapunov 函数:

$$V(k) = x^{\mathrm{T}}(k)Px(k). \tag{2.43}$$

沿着式 (2.40) 和式 (2.43) 的一阶差分为

$$\begin{aligned}
\Delta V(k) &= x^{\mathrm{T}}(k+1)Px(k+1) - x^{\mathrm{T}}(k)Px(k) \\
&= -x^{\mathrm{T}}N(k)N^{\mathrm{T}}(k)x(k) + 2x^{\mathrm{T}}(k)A^{\mathrm{T}}(k)Pd(k) + d^{\mathrm{T}}(k)Pd(k).
\end{aligned}$$

利用范数不等式, 得

$$\begin{aligned}
\Delta V(k) \leqslant &-[\lambda_{\min}(N(k)N^{\mathrm{T}}(k)\|x(k)\|^2 - \lambda_{\max}(P)\|d(k)\|^2 \\
&-2\lambda_{\max}(A^{\mathrm{T}}(k)P)\|x(k)\|\|d(k)\|].
\end{aligned}$$

因此, $\Delta V(k)$ 是非负的, 如果

$$\begin{aligned}
\|x(k)\| > \frac{d_M}{\lambda_{\min}Q(k)}\Big[&\lambda_{\max}(A^{\mathrm{T}}(k)P) \\
&+ \sqrt{\lambda_{\max}^2(A^{\mathrm{T}}(k)P) + \lambda_{\min}(Q(k))\lambda_{\max}(P)}\Big],
\end{aligned}$$

其中, $Q(k) = N(k)N^{\mathrm{T}}(k)$.

进一步, 考虑

$$
\begin{aligned}
&V(k+l) - V(k)\\
&= \sum_{i=0}^{l-1}[V(k+i+1) - V(k+i)]\\
&= -\sum_{i=0}^{l-1}x^{\mathrm{T}}(k+i)N(k+i)N^{\mathrm{T}}(k+i)x(k+i) + \varepsilon_k^l,
\end{aligned}
\tag{2.44}
$$

其中,

$$
\varepsilon_k^l = \sum_{i=0}^{l-1}\left[2x^{\mathrm{T}}(k+i)A^{\mathrm{T}}(k+i)Pd(k+i) + d^{\mathrm{T}}(k+i)Pd(k+i)\right].
$$

再利用范数不等式, 得

$$
\begin{aligned}
\varepsilon_k^l &= \sum_{i=0}^{l-1}\Big[2\lambda_{\max}(A^{\mathrm{T}}(k+i)P)\|x(k+i)\|\\
&\quad + \lambda_{\max}(P)\|d(k+i)\|\Big]\|d(k+i)\|\\
&= \bar{\varepsilon}_k^l.
\end{aligned}
\tag{2.45}
$$

状态 $x(k)$ 是 UUB 的, 且 $\|d(k)\| < d_M$ 成立, 其中 d_M 很小. 因此, $\bar{\varepsilon}_k^l$ 也很小. 此外, 若 $\Phi(i,j)$ 是式 (2.40) 的转移矩阵, 则

$$
x(k+i) = \Phi(k+i,k)x(k).
\tag{2.46}
$$

将式 (2.45) 和式 (2.46) 代入式 (2.44), 得

$$
\begin{aligned}
&V(k+l) - V(k)\\
&= -x^{\mathrm{T}}(k)\left[\sum_{i=0}^{l-1}\Phi^{\mathrm{T}}(k+i,k)N(k+i)N^{\mathrm{T}}(k+i)\Phi(k+i,k)\right]x(k) + \varepsilon_k^l\\
&\leqslant -\alpha x^{\mathrm{T}}(k)x(k) + \bar{\varepsilon}_k^l\\
&\leqslant -\frac{\alpha}{\lambda_{\max}(P)}V(k) + \bar{\varepsilon}_k^l,
\end{aligned}
$$

因此

$$V(k+l) \leqslant \left(1 - \frac{\alpha}{\lambda_{\max}(P)}\right) V(k) + \bar{\varepsilon}_k^l. \tag{2.47}$$

因为对任意的 k, $V(k)$ 均是非负的, 所以 $0 \leqslant 1 - \alpha/\lambda_{\max}(P) < 1$ 成立. 不等式 (2.47) 成立意味着

$$V(nl) \leqslant (1 - \alpha/\lambda_{\max}(P))^n V(0) + \varpi_{nl},$$

其中, $\varpi_{nl} = \sum\limits_{i=1}^{l} (1 - \alpha/\lambda_{\max}(P))^i \bar{\varepsilon}_{in}^{(i+1)n}$ 且很小. 由式 (2.47) 可得, $V(k)$ 是非递增函数, 且满足 $V(k) \leqslant V(nl)$, $\forall nl \leqslant k \leqslant (n+1)l$, 因此

$$V(k) \leqslant \left(1 - \frac{\alpha}{\lambda_{\max}(P)}\right)^{\frac{k}{l}-1} V(0) + \varpi_{nl},$$

这就意味着 $V(k)$ 和 $x(k)$ 指数收敛到原点的小邻域内.

余下的部分可由文献 [61] 中的定理 A.12.22 直接证明.　　　　　　　　　　□

推论 2.1　考虑离散时间线性时变系统[式 (2.40)], 假设 $A(k) = I_m - \Gamma\varphi(k)\varphi(k)^{\mathrm{T}}$, 且 $\varphi(k)^{\mathrm{T}}\Gamma\varphi(k) < \beta I_m$, $0 < \beta < 2$, d_M 很小. 如果 $\varphi(k)$ 是 PE 的, 那么状态 $x(k)$ 指数收敛到原点的小邻域内.

证明　因为 $2I_m - \phi^{\mathrm{T}}(k)\Gamma\phi(k)$ 是正定的, 所以存在正定矩阵 $\chi(k)$ 使得 $2I_m - \phi^{\mathrm{T}}(k)\Gamma\phi(k) = \chi^2(k)$. 考虑引理 2.20, 取 $N(k) = \varphi(k)\chi(k)$ 和 $P = \Gamma^{-1}$. 根据该引理可得式 (2.42) 成立, 这就意味着状态 $x(k)$ 指数收敛到原点的小邻域内. 选择

$$K(k) = -\Gamma\phi(k)\chi^{-1}(k),$$

由于 $\phi(k)$ 和 $\chi^{-1}(k)$ 有界, 可知 $K(k)$ 也是有界的, 因此 $\bar{A}(k) = A(k) - K(k)N^{\mathrm{T}}(k) = I_m$, 由此可知 $\bar{A}(k)$ 的状态转移矩阵是 $\Phi(k,j) = I$. 由引理 2.20, 可知状态 $x(k)$ 指数收敛到原点的小邻域内, 如果 $(\bar{A}(k), N(k)) = (I, N(k))$ 是 UCO 的, 即存在常数 α、β、$l > 0$, 使得

$$\alpha I_m \leqslant \sum_{j=0}^{l-1} N(k+j)N^{\mathrm{T}}(k+j) \leqslant \beta I_m \tag{2.48}$$

一方面,

$$(2-\beta)\varphi(k)\varphi^{\mathrm{T}}(k) \leqslant N(k)N^{\mathrm{T}}(k) \leqslant 2\varphi(k)\varphi^{\mathrm{T}}(k); \tag{2.49}$$

另一方面, $\phi(k)$ 是有界的并且满足 PE 条件, 即存在 $\alpha_0, \bar{\beta} > 0$ 和 $l > 0$, 使得

$$\alpha_0 l I_n \leqslant \sum_{j=0}^{l-1} \varphi(k+j)\varphi^{\mathrm{T}}(k+j) \leqslant \bar{\beta} l I_n. \tag{2.50}$$

因此, 将式 (2.49) 代入式 (2.48), 可得式 (2.42), 其中 $\alpha = \alpha_0(2 - \beta)l$ 和 $\beta = 2\bar{\beta}l$. 因此, 状态 $x(k)$ 指数收敛到原点的小邻域内. □

2.5.4　离散时间非线性系统的稳定性

考虑如下的一类离散时间非线性系统:

$$x(k+1) = f(k, x(k)) + d(k), x(k_0) = x_0. \tag{2.51}$$

其中, $x \in \mathbb{R}^n$; $k \in \mathbb{Z}_+$; $f(k, x(k)) : \mathbb{Z}_+ \times \mathbb{R}^n \to \mathbb{R}^n$ 是关于 x 连续的单值函数; 未知有界的扰动 $d(k)$ 也是单值函数. 对于每一个 $k_0 \in \mathbb{Z}_+$ 和 $x_0 \in B(r)$, 有且仅有一个解 $x(k; k_0, x_0)$ 满足式 (2.51).

定义 2.9 (指数稳定)　考虑系统 [式 (2.51)], 如果对于 $\alpha(0 < \alpha < 1)$ 和任意的 $\varepsilon > 0$, 存在 $\delta(\varepsilon)$ 使得当 $\|x_0 - x_e\| < \delta(\varepsilon)$ 时, 满足

$$\|x(k; k_0, x_0) - x_e\| \leqslant \varepsilon \alpha^{k-l_0}, \forall k \geqslant k_0,$$

则称式 (2.51) 的平衡状态 x_e 是指数稳定的.

定义 2.10 (UUB)　考虑系统 [式 (2.51)], 如果存在紧集 $\Omega \in \mathbb{R}^n$, 对所有的 $x_0 \in \Omega$ 存在界 $\mu \geqslant 0$ 和一个数 $N(\mu, x_0)$, 使得 $\|x(k)\| \leqslant \mu$ 对任意的 $k \geqslant k_0 + N$ 均成立, 则称系统 [式 (2.51)] 的平衡状态 x_e 是 UUB 的.

引理 2.21[62]　考虑系统 [式 (2.51)], 存在连续函数 $V(x(k), k)$, 对存在于紧集 $\Omega \subset \mathbb{R}^n$ 中的自变量 x 可微, 并使得

$$V(x(k), k) \text{是正定的}, \qquad V(x(k), k) > 0,$$
$$\Delta V(x(k), k) < 0, \qquad \text{当} \|x\| > \chi \text{时},$$

其中, 常数 $\chi > 0$ 使得以 χ 为半径的球包含在 Ω 中, 那么系统 [式 (2.51)] 是 UUB 的, 且状态的范数在 χ 的一个邻域内有界.

2.6   常用不等式

引理 2.22[60]   对于任意两个向量 $a \in \mathbb{R}^n, b \in \mathbb{R}^n$, 存在一个正常数 θ, 满足

$$\|a + b\|^2 \geqslant \frac{\theta}{1 + \theta}\|a\|^2 - \theta\|b\|^2.$$

引理 2.23[60]   (Cauchy-Schwarz 不等式)   对于两个可以积分的向量函数 $f(t) \in \mathbb{R}^n, g(t) \in \mathbb{R}^n$, 下面等式成立:

$$\left(\int_t^{t+T} f(\tau)^{\mathrm{T}} g(\tau)\mathrm{d}\tau\right)^2 \leqslant \int_t^{t+T} \|f(\tau)\|^2\mathrm{d}\tau \int_t^{t+T} \|g(\tau)\|^2\mathrm{d}\tau.$$

第3章 分布式自适应系统辨识方法与分析

受一致性理论和自适应控制理论的启发, 本章在一个通用框架下讨论了一组 DCA 系统的 UES 问题, 并设计 DCA 策略用于辨识系统的未知参数.

3.1 线性参数化系统的分布式合作自适应方案

考虑一组线性参数化系统的参数估计问题, 假设第 i 个闭环自适应误差系统为

$$\dot{z}_i = A_i(t, \chi_i) z_i + B_i(t, \chi_i)^{\mathrm{T}} (\theta - \hat{\theta}_i), \quad i = 1, \cdots, N, \tag{3.1}$$

其中, $z_i \in \mathbb{R}^n$ 是辨识或者跟踪误差, 即实际状态和辨识器/参考状态之间的差异; $\theta \in \mathbb{R}^m$ 是未知常向量; $\hat{\theta}_i \in \mathbb{R}^m$ 是 θ 的估计值; $\chi_i = [z_i^{\mathrm{T}}, \hat{\theta}^{\mathrm{T}}]^{\mathrm{T}} \in \mathbb{R}^{n+m}$; $A_i : [t_0, +\infty) \times \mathbb{R}^{n+m} \to \mathbb{R}^{n \times n}, B_i : [t_0, +\infty) \times \mathbb{R}^{n+m} \to \mathbb{R}^{m \times n}$ 为允许依赖外部信号和系统初始条件的时变矩阵; t_0 为初始时刻.

式 (3.1) 的主要特征是虽然每一个系统具有不同的时变结构 [即 $(A_i(t, \chi_i), B_i(t, \chi_i))$], 但未知参数向量 θ 是相同的. 事实上, 存在许多实际的线性参数化系统, 其闭环自适应误差系统都可以表示为式 (3.1) 的形式. 例如, 同一环境中工作的一组具有不同非线性函数的系统可能具有相同的未知物理参数, 如温度、重力加速度等, 因此每一个系统就可以表示为式 (3.1) 的形式. 并且, 对于一组具有相同系统函数的系统, 当它们的输入信号或初始条件不同时, 其闭环误差系统也可以表示为式 (3.1) 的形式. 一个典型的例子是, 在 N 个相同的移动机器人的自适应编队控制中, 所有的机器人都具有相同的动态模型和不同的动态行为. 事实上, 在现有的大多数关于编队控制和自适应控制的文献中, 用于实验和仿真实例的移动机器人都是相同的. 这些实例正是研究式 (3.1) 的主要动机.

不管是集中式 [61,64-67] 还是分散式[68, 69] 方案, 都可以用于研究式 (3.1) 的自适应问题. 前者研究的自适应律利用了所有系统信息, 后者研究的自适应律仅利用

对应系统的局部信息, 这两种方案各有优缺点. 例如, 集中式方案实现起来极为复杂且昂贵, 尤其是当系统是复杂系统时, 而分布式方案易于设计和实现. 但是, 由于缺少必要的全局信息, 这种方案虽然设计简单, 却会导致整体设计系统的分析极为困难, 从而限制了它对整个系统的操控能力, 进而影响系统的性能. 受此启发, 本节通过建立系统的网络拓扑, 提出了一种新的自适应方案, 称作分布式合作自适应 (distributed cooperative adaptation, DCA) 方案, 仅对每个系统设计自适应律, 该自适应律利用自身和邻居的信息, 而不是全部系统的信息或者仅自身信息. 显然, 一个 DCA 律是集中式自适应律和分布式自适应律之间的一个折中, 结合了两种方案的优点, 摒弃了它们的缺点. 例如, 如果对形如式 (3.1) 的每个子系统采用如下分散式自适应律来估计参数 θ:

$$\dot{\hat{\theta}}_i = C_i(t, \chi_i)^{\mathrm{T}} z_i, \tag{3.2}$$

则只有对每一个 $i = 1, \cdots, N$, $B_i(t, \chi_i)$ 都满足 PE 条件时, 被估计参数向量 $\hat{\theta}_i$ 才能保证可以收敛于它的真值 θ. 但是, 当利用所提出的 DCA 律时, PE 条件就可以被放松.

3.1.1　固定拓扑下的分布式合作自适应律

受一致性理论 [37] 的启发, 对式 (3.1), 提出如下 DCA 律, 取代式 (3.2) 所示的分散式自适应律:

$$\dot{\hat{\theta}}_i = C_i(t, \chi_i)^{\mathrm{T}} z_i - \gamma \sum_{j \in \mathcal{N}_i} a_{i,j}(\hat{\theta}_i - \hat{\theta}_j), \tag{3.3}$$

其中, $\gamma > 0$ 是设计参数; $\mathcal{N}_i$ 表示系统 i 可以接收信息的邻居系统集; $a_{i,j}$ 是 $\mathcal{G}$ 的邻接矩阵 $\mathcal{A}$ 的第 (i, j) 个元素, $\mathcal{G}$ 表示如式 (3.1) 所示的所有系统之间的互连 (也称为网络拓扑); 如果 $a_{i,j} \in \mathcal{N}_i$, 则 $a_{i,j} > 0$, 否则 $a_{i,j} = 0$. 本小节假设 $\mathcal{A}$ 是时不变的. 如前所述, 由于每个子系统都有一个同时利用自身和邻居子系统信息的局部自适应律, 式 (3.3) 是集中式自适应律和分散式自适应律的折中.

定义参数估计误差向量 $\tilde{\theta}_i = \theta - \hat{\theta}_i$, 有

$$\dot{\tilde{\theta}}_i = -C_i(t, \chi_i)^{\mathrm{T}} z_i - \gamma \sum_{j \in \mathcal{N}_i} a_{i,j}(\tilde{\theta}_i - \tilde{\theta}_j). \tag{3.4}$$

定义 $z = [z_1^{\mathrm{T}}, \cdots, z_n^{\mathrm{T}}]^{\mathrm{T}}$, $\tilde{\theta} = [\tilde{\theta}_1^{\mathrm{T}}, \cdots, \tilde{\theta}_n^{\mathrm{T}}]^{\mathrm{T}}$, $\chi = [\chi_1^{\mathrm{T}}, \cdots, \chi_n^{\mathrm{T}}]^{\mathrm{T}}$, 则包括式 (3.1) 和式 (3.4) 的整个闭环系统可以被重写为

$$
\begin{bmatrix} \dot{z} \\ \dot{\tilde{\theta}} \end{bmatrix} = \begin{bmatrix} A(t,\chi) & B(t,\chi)^{\mathrm{T}} \\ -C(t,\chi) & -\gamma\mathcal{L}\otimes I_m \end{bmatrix} \begin{bmatrix} z \\ \tilde{\theta} \end{bmatrix}
\tag{3.5}
$$

其中, $A(t,\chi) = \mathrm{diag}\{A_i(t,\chi_1), \cdots, A_N(t,\chi_N)\}$; $B(t,\chi) = \mathrm{diag}\{B_1(t,\chi_1), \cdots, B_N(t,\chi_N)\}$; $C(t,\chi) = \mathrm{diag}\{C_1(t,\chi_1), \cdots, C_N(t,\chi_N)\}$; $\mathcal{L}$ 是 $\mathcal{G}$ 的拉普拉斯矩阵.

下面给出本小节的第一个主要结果.

定理 3.1 考虑由式 (3.1) 和式 (3.3) 组成的闭环自适应系统 [式 (3.5)]. 假定 $A_i(t,\chi_i)$, $B_i(t,\chi_i)$ 和 $C_i(t,\chi_i)$, $i = 1,\cdots,N$ 满足假设 2.1. 对任意固定的常数 $r > 0$, 如果拓扑结构是无向、连通的, 且 $B_i(t,\chi_i)$, $i = 1,\cdots,N$ 满足合作 UPE 条件, 那么闭环系统 [式 (3.5)] 是 ULES.

另外, 如果假设 2.1 和假设 2.2 对于所有 $(t_0,\chi_{i0}) \in \mathbb{R}_+ \times \mathbb{R}^{n+m}$ 和 $B_i(t,\chi_i)$, $1 \leqslant i \leqslant N$ 都成立, 且 $B_i(t,\chi_i)$, $i = 1,2,\cdots,N$ 满足联合 UGPE 条件, 则闭环系统 [式 (3.5)] 是 UGES.

证明 由于 UGES 情形可以用 $\mathbb{R}^{n+m}$ 替换 B_r 直接得到, 因此仅需证明 ULES 情形. 由假设 2.1、假设 2.2 和引理 2.14 可知, 只需要证明在定理 3.1 的条件下, 存在一个正常数 α, 使得对于所有 $(t_0,\chi_{i0}) \in \mathbb{R}_+ \times B_r$, $i = 1,\cdots,N$,

$$
\begin{aligned}
\Delta(t,t_0,\chi_0) &= \int_t^{t+T_0} \left[B\left(\tau,\chi(\tau)\right) B\left(\tau,\chi(\tau)\right)^{\mathrm{T}} + \gamma\mathcal{L}\otimes I_m \right] \mathrm{d}\tau \\
&\geqslant \alpha I_{Nm}
\end{aligned}
\tag{3.6}
$$

成立.

简单地, 记

$$
H(t,t_0,\chi_0) = \mathrm{diag}\{H_1(t,t_0,\chi_{i0}), \cdots, H_N(t,t_0,\chi_{i0})\},
\tag{3.7}
$$

其中,

$$
H_i(t,t_0,\chi_{i0}) = \int_t^{t+T_0} B_i(\tau,\chi_i(\tau)) B_i(\tau,\chi_i(\tau))^{\mathrm{T}} \mathrm{d}\tau,
$$

那么, 式 (3.6) 就可以改写成

$$\Delta(t, t_0, \chi_0) = H(t, t_0, \chi_0) + T_0 \gamma \mathcal{L} \otimes I_m \geqslant \alpha I_{Nm}. \tag{3.8}$$

由于拓扑是无向、连通的, 根据引理 2.1, $\mathcal{L}$ 只有一个零特征值, 其单位特征向量是 $\frac{1}{\sqrt{N}} \mathbf{1}_N$. 相应地, $\mathcal{L} \otimes I_m$ 具有 m 个零特征值, 其正交单位特征向量是

$$\nu_1 = \frac{1}{\sqrt{N}} \mathbf{1}_N \otimes e_1, \cdots, \nu_m = \frac{1}{\sqrt{N}} \mathbf{1}_N \otimes e_m, \tag{3.9}$$

其中, $e_i \in \mathbb{R}^N$. $\mathcal{L} \otimes I_m$ 的其他特征值是正的, 记为 $0 < \lambda_{m+1} \leqslant \cdots \leqslant \lambda_{Nm}$, 其正交单位特征向量相应地表示为 $\nu_{m+1}, \cdots, \nu_{Nm}$. 一个任意的非零向量 $\xi \in \mathbb{R}^{Nm}$, 总可以表示为

$$\xi = \sum_{i=1}^{m} c_i \nu_i + \sum_{i=m+1}^{Nm} c_i \nu_i. \tag{3.10}$$

一方面, 当 $\sum_{i=m+1}^{Nm} c_i^2 \neq 0$ 时, 有

$$\xi^{\mathrm{T}} \Delta(t, t_0, \chi_0) \xi = \xi^{\mathrm{T}} H(t, t_0, \chi_0) \xi + \sum_{i=m+1}^{Nm} T_0 \gamma \lambda_i c_i^2$$

$$\geqslant T_0 \gamma \lambda_2 \sum_{i=m+1}^{Nm} c_i^2 > 0. \tag{3.11}$$

另一方面, 当 $\sum_{i=m+1}^{Nm} c_i^2 = 0$ 成立时, 即 $\sum_{i=1}^{m} c_i^2 \neq 0$ 且 $\xi = \sum_{i=1}^{m} c_i \nu_i$, 有

$$\xi^{\mathrm{T}} \Delta(t, t_0, \chi_0) \xi = \left(\sum_{i=1}^{m} c_i \nu_i \right)^{\mathrm{T}} H(t, t_0, \chi_0) \left(\sum_{i=1}^{m} c_i \nu_i \right)$$

$$= \mathcal{C}^{\mathrm{T}} \mathcal{V}^{\mathrm{T}} H(t, t_0, \chi_0) \mathcal{V} \mathcal{C}. \tag{3.12}$$

其中, $\mathcal{C} = [c_1, \cdots, c_m]^{\mathrm{T}}$, $\mathcal{V} = [\nu_1, \cdots, \nu_m]$. 由于 $B_i(t, \chi_i)$, $1 \leqslant i \leqslant N$ 满足合作 UPE 条件, 由式 (3.7) 和式 (3.9) 容易证明, 对所有的 $(t_0, \chi_{i0}) \in \mathbb{R}_+ \times B_r$, 都有

$$\mathcal{V}^{\mathrm{T}} H(t, t_0, \chi_0) \mathcal{V} = \sum_{i=1}^{N} H_i(t, t_0, \chi_{i0}) \geqslant \alpha_0 I_m. \tag{3.13}$$

将式 (3.13) 代入式 (3.12), 可得

$$\xi^{\mathrm{T}} \left[H(t, t_0, \chi_0) + T_0 \gamma \mathcal{L} \otimes I_m \right] \xi \geqslant \alpha_0 \sum_{i=1}^{m} c_i^2 > 0. \tag{3.14}$$

由此, 证明了对所有的 $t \geqslant t_0$ 和 $(t_0, \chi_{i0}) \in \mathbb{R}_+ \times B_r$, $\Delta(t, t_0, \chi_0)$ 是正定矩阵. 因此, 它的特征值都是正的.

接下来证明: 存在一个正常数 α, 使得对于所有的 $t \geqslant t_0$ 和 $(t_0, \chi_{i0}) \in \mathbb{R}_+ \times B_r$, 都有 $\Delta(t, t_0, \chi_0) \geqslant \alpha I_{Nm}$ 成立. 等价地, 需要证明时变正定矩阵 $\Delta(t, t_0, \chi_0)$ 的所有特征值必有一个下界 $\alpha > 0$, 这可以通过构造一个矛盾得到. 假设存在一个特征值 $\underline{\lambda}(t, t_0, \chi_0)$ 和三个序列: $\{t^k\}_{k=1}^{\infty}$, $\{t_0^k\}_{k=1}^{\infty}$ 和 $\{\chi_0^k\}_{k=1}^{\infty}$, 使得 $\lim_{k \to \infty} \underline{\lambda}(t^k, t_0^k, \chi_0^k) = 0$. 记 $\underline{\lambda}(t^k, t_0^k, \chi_0^k)$ 的单位特征向量为 $\eta(t^k, t_0^k, \chi_0^k)$, 即 $\|\eta(t^k, t_0^k, \chi_0^k)\| = 1$, 则有

$$\lim_{k \to \infty} \eta \left(t^k, t_0^k, \chi_0^k \right)^{\mathrm{T}} \Delta \left(t^k, t_0^k, \chi_0^k \right) \eta \left(t^k, t_0^k, \chi_0^k \right)$$
$$= \lim_{k \to \infty} \eta \left(t^k, t_0^k, \chi_0^k \right)^{\mathrm{T}} \underline{\lambda} \left(t^k, t_0^k, \chi_0^k \right) \eta \left(t^k, t_0^k, \chi_0^k \right)$$
$$= 0. \tag{3.15}$$

但是, $\eta(t^k, t_0^k, \chi_0^k)$ 也可以表示为 $\eta(t^k, t_0^k, \chi_0^k) = \sum_{i=1}^{Nm} c_i(t^k, t_0^k, \chi_0^k) \nu_i$, 且 $\sum_{i=1}^{Nm} c_i^2(t^k, t_0^k, \chi_0^k) = 1$. 与式 (3.11)~式 (3.14) 的推导类似, 一方面, 如果 $\sum_{i=m+1}^{Nm} c_i^2(t^k, t_0^k, \chi_0^k)$ 具有一个正的下界 $\underline{c}$, 则有

$$\lim_{k \to \infty} \eta \left(t^k, t_0^k, \chi_0^k \right)^{\mathrm{T}} \Delta \left(t^k, t_0^k, \chi_0^k \right) \eta \left(t^k, t_0^k, \chi_0^k \right)$$
$$\geqslant \lim_{k \to \infty} T_0 \gamma \lambda_2 \sum_{i=m+1}^{Nm} c_i^2 \left(t^k, t_0^k, \chi_0^k \right)$$
$$\geqslant T_0 \gamma \lambda_2 \underline{c} > 0. \tag{3.16}$$

另一方面, 如果 $\sum_{i=m+1}^{Nm} c_i^2(t^k, t_0^k, \chi_0^k)$ 不具有正的下界, 则一定存在对应于 $\{t^k\}_{k=1}^{\infty}$, $\{t_0^k\}_{k=1}^{\infty}$ 和 $\{\chi_0^k\}_{k=1}^{\infty}$ 的三个子序列: $\{t^{k_j}\}_{j=1}^{\infty}$, $\{t_0^{k_j}\}_{j=1}^{\infty}$ 和 $\{\chi_0^{k_j}\}_{j=1}^{\infty}$, 使得

$$\lim_{j \to \infty} \sum_{i=m+1}^{Nm} c_i^2(t^{k_j}, t_0^{k_j}, \chi_0^{k_j}) = 0,$$

即

$$\lim_{j \to \infty} \sum_{i=1}^{m} c_i^2(t^{k_j}, t_0^{k_j}, \chi_0^{k_j}) = 1.$$

记

$$\eta(t^{k_j}, t_0^{k_j}, \chi_0^{k_j}) = \eta_1(t^{k_j}, t_0^{k_j}, \chi_0^{k_j}) + \eta_2(t^{k_j}, t_0^{k_j}, \chi_0^{k_j}),$$

其中,

$$\eta_1(t^{k_j}, t_0^{k_j}, \chi_0^{k_j}) = \sum_{i=1}^{m} c_i^2(t^{k_j}, t_0^{k_j}, \chi_0^{k_j})\nu_i,$$

$$\eta_2(t^{k_j}, t_0^{k_j}, \chi_0^{k_j}) = \sum_{i=m+1}^{Nm} c_i^2(t^{k_j}, t_0^{k_j}, \chi_0^{k_j})\nu_i.$$

显然, $\lim_{j \to \infty} \eta_2(t^{k_j}, t_0^{k_j}, \chi_0^{k_j}) = 0$. 因此, 有

$$\lim_{j \to \infty} \eta \left(t^{k_j}, t_0^{k_j}, \chi_0^{k_j}\right)^{\mathrm{T}} \Delta \left(t^{k_j}, t_0^{k_j}, \chi_0^{k_j}\right) \eta \left(t^{k_j}, t_0^{k_j}, \chi_0^{k_j}\right)$$

$$= \lim_{j \to \infty} \eta_1 \left(t^{k_j}, t_0^{k_j}, \chi_0^{k_j}\right)^{\mathrm{T}} H \left(t^{k_j}, t_0^{k_j}, \chi_0^{k_j}\right)$$

$$\quad + \lim_{j \to \infty} \eta_2 \left(t^{k_j}, t_0^{k_j}, \chi_0^{k_j}\right)^{\mathrm{T}} \Delta \left(t^{k_j}, t_0^{k_j}, \chi_0^{k_j}\right) \eta \left(t^{k_j}, t_0^{k_j}, \chi_0^{k_j}\right)$$

$$\quad + \lim_{j \to \infty} \eta_1 \left(t^{k_j}, t_0^{k_j}, \chi_0^{k_j}\right)^{\mathrm{T}} \Delta \left(t^{k_j}, t_0^{k_j}, \chi_0^{k_j}\right) \eta_2 \left(t^{k_j}, t_0^{k_j}, \chi_0^{k_j}\right)$$

$$\geqslant \lim_{j \to \infty} \alpha_0 \sum_{i=1}^{m} c_i^2 \left(t^{k_j}, t_0^{k_j}, \chi_0^{k_j}\right)$$

$$= \alpha_0 > 0, \tag{3.17}$$

即式 (3.16) 和式 (3.17) 与式 (3.15) 矛盾. 因此, 可以得出结论: 存在一个正常数 α, 使得对所有的 $t \geqslant t_0$ 和 $(t_0, \chi_{i0}) \in \mathbb{R}_+ \times B_r$, 都有 $\Delta(t, t_0, \chi_0) \geqslant \alpha I_{Nm}$.

证毕.   □

注 3.1   定理3.1要求网络拓扑必须是无向的, 以保证邻接矩阵 A 是对称和半正定的. 这是由于由定理3.1的证明过程可知, 在这条性质下, 引理 2.1 和引理 2.14 可以被成功用于证明式 (3.5) 的指数稳定性. 然而, 当网络拓扑是有向图的时候, 还没有合适的方法证明定理 3.1 的结论. 主要的障碍在于引理 2.14 中的矩阵 $D(\tau, x)$ 必须是对称的, 如何放松这一要求是一个值得进一步研究的课题.

3.1.2 时变拓扑下的分布式合作自适应律

实际上, 网络拓扑结构可能是时变的, 甚至在某些特定的时刻不连通. 本小节进一步探讨在时变网络拓扑下可以保证闭环系统是 UES 的条件.

首先, 将时变拓扑 $\mathcal{G}(t, \chi(t))$ 的拉普拉斯矩阵表示为 $\mathcal{L}(t, \chi(t))$. 假设对于任意固定的 $r > 0$ 和所有的 $t \geqslant t_0, (t_0, \chi_{i0}) \in \mathbb{R}_+ \times B_r, i = 1, \cdots, N, \mathcal{L}(t, \chi(t))$, 是一致有界的. 容易证明, 对于一个给定的常数 $T_0 > 0, \int_t^{t+T_0} \mathcal{L}(\tau, \chi(\tau)) \mathrm{d}\tau$ 仍然是一个对应于时变图的拉普拉斯矩阵. 现在给出这种情况下的主要结论如下.

定理 3.2 考虑由式 (3.1) 和式 (3.3) 组成的闭环自适应系统. 假设2.1 和假设 2.2对 $A_i(t, \chi_i), B_i(t, \chi_i)$ 和 $C_i(t, \chi_i), i = 1, \cdots, N$ 成立, 网络拓扑结构是无向且时变的. 如果对于每个固定的 $r > 0$ 和所有的 $(t_0, \chi_{i0}) \in \mathbb{R}_+ \times B_r, i = 1, \cdots, N$ 满足以下两个条件:

(1) 存在三个正常数 T_0, δ 和 α_0, 使得矩阵 $\int_t^{t+T_0} \mathcal{L}(\tau, \chi(\tau)) \mathrm{d}\tau$ 只有一个零特征值, 记为 λ_1, 其他所有的非零特征值都满足 $\delta \leqslant \lambda_2(t, t_0, \chi_0) \leqslant \cdots \leqslant \lambda_N(t, t_0, \chi_0)$, $t \geqslant t_0$;

(2) $B_i(t, t_0, \chi_{i0}), 1 \leqslant i \leqslant N$ 满足合作 UPE 条件.

那么, 式 (3.5) 是 ULES.

进一步地, 如果假设 2.1 与假设 2.2 和定理 3.2 的两个条件对于所有 $(t_0, \chi_{i0}) \in \mathbb{R}_+ \times \mathbb{R}^{n+m}$ 都成立, 则式 (3.5) 是 UGES.

证明 类似于定理 3.1 的证明, 仅证明 ULES 情形, 即通过证明存在一个正常数 α, 使得对所有的 $t \geqslant t_0$ 和所有的 $(t_0, \chi_{i0}) \in \mathbb{R}_+ \times B_r, i = 1, \cdots, N$,

$$
\begin{aligned}
\Delta(t, t_0, \chi_0) &:= \int_t^{t+T_0} \left[B\left(\tau, \chi(\tau)\right) B\left(\tau, \chi(\tau)\right)^{\mathrm{T}} + \gamma \mathcal{L}\left(\tau, \chi(\tau)\right) \otimes I_m \right] \mathrm{d}\tau \\
&\geqslant \alpha I_{Nm}
\end{aligned}
\tag{3.18}
$$

即可.

定义

$$
\Upsilon(t, t_0, \chi_0) = \int_t^{t+T_0} \left[\mathcal{L}\left(\tau, \chi(\tau)\right) \otimes I_m \right] \mathrm{d}\tau.
\tag{3.19}
$$

式 (3.19) 可以被等价地改写为

$$\Delta(t, t_0, \chi_0) = H(t, t_0, \chi_0) + \gamma \Upsilon(t, t_0, \chi_0)$$

$$\geqslant \alpha I_{Nm}. \tag{3.20}$$

根据定理 3.2 的条件, 并根据引理 2.1, $\Upsilon(t, t_0, \chi_0)$ 仍然有 m 个零特征值, 其正交单位特征向量由式 (3.9) 给出, 且是时不变的. $\Upsilon(t, t_0, \chi_0)$ 的其他特征值是正的且是时变的, 记为 $0 < \lambda_{m+1}(t, t_0, \chi_0) \leqslant \cdots \leqslant \lambda_{Nm}(t, t_0, \chi_0)$, 其相应的正交单位特征向量 $\nu_{m+1}(t, t_0, \chi_0), \cdots, \nu_{Nm}(t, t_0, \chi_0)$ 也是时变的.

现在, 进一步证明存在一个正的常数 α, 对于所有的 $t \geqslant t_0$ 和所有的 $(t_0, \chi_{i0}) \in \mathbb{R}^+ \times B_r$, $i = 1, \cdots, N$, $\Delta(t, t_0, \chi_0) \geqslant \alpha I_{Nm}$, 即 $\Delta(t, t_0, \chi_0)$ 一致正定. 这等价于证明它的所有特征值必须有一个共同的常数下界 $\alpha > 0$, 也可以通过反证法证明. 假设存在一个特征值 $\underline{\lambda}(t, t_0, \chi_0)$ 和三个序列 $\{t^k\}_{k=1}^{\infty}$, $\{t_0^k\}_{k=1}^{\infty}$ 和 $\{\chi_0^k\}_{k=1}^{\infty}$, 使得 $\lim_{k\to\infty} \underline{\lambda}(t^k, t_0^k, \chi_0^k) = 0$, 则其余的证明过程与定理 3.1 证明过程类似, 故此省略.

证毕.　　　　　　　　　　　　　　　　　　　　　　　　　　　　　　　　　　　□

注 3.2　在时变网络拓扑的情况下, 定理 3.2 仅要求整体网络拓扑在一个长度固定的区间上是连通的, 这比定理 3.1 要求网络拓扑一直是连通的条件要弱. 定理 3.2 关于网络拓扑的要求包含现有文献中的一些条件作为它的特例, 如连接拓扑[70].

实际上, 由于链路故障或重建, 网络拓扑通常会切换. 为了描述这种变化的拓扑, 定义一个分段常值切换函数 $\sigma(t) : [0, \infty) \to \mathcal{P} = \{1, 2, \cdots, l\}$, 其中 l 表示所有可能的无向图的总数. t 时刻的图记为 $\mathcal{G}_{\sigma(t)}$, 相应的拉普拉斯矩阵为 $\mathcal{L}_{\sigma(t)}$. 现在考虑一个由非空、有界、连续的时间间隔构成的无限序列 $[t_r, t_{r+1})$, $r = 0, 1, \cdots$, 其中 $t_0 = 0$, $t_{r+1} - t_r \leqslant T_1$, 且常数 $T_1 > 0$. 在每个区间 $[t_r, t_{r+1})$ 上, 存在一系列子区间 $[t_{r_0}, t_{r_1}), [t_{r_1}, t_{r_2}), \cdots, [t_{r_{m_r-1}}, t_{r_{m_r}})$, 使得网络拓扑 $\mathcal{G}_{\sigma(t)}$ 在 t_{r_j} 时刻切换, 但在子区间 $[t_{r_j}, t_{r_{j+1}})$ 内保持不变, 其中 $t_{r_0} = t_r$, $t_{r_{m_r}} = t_{r+1}$, m_r 是正整数. 定义最小驻留时间为 $T_2 := \min_{r \geqslant 0, 0 \leqslant j \leqslant m_r - 1} \{t_{r_{j+1}} - t_{r_j}\}$, 并假定 $T_2 > 0$. 显然, 在每个区间 $[t_r, t_{r+1})$ 中至多有 $m_* = \lfloor T_1/T_2 \rfloor$ 个子区间, 其中 $\lfloor T_1/T_2 \rfloor$ 表示不大于 T_1/T_2 的最大整数.

推论 3.1 考虑由式 (3.1) 和式 (3.3) 组成的闭环自适应系统. 假设2.1 和假设 2.2对 $A_i(t, \chi_i)$, $B_i(t, \chi_i)$ 和 $C_i(t, \chi_i)$, $i = 1, \cdots, N$ 成立. 对于任何固定常数 $r > 0$, 如果满足以下两个条件:

(1) 网络拓扑结构是无向、切换的, 但在每个区间 $[t_r, t_{r+1})$ 中是连通的, 且最小驻留时间 $T_2 > 0$;

(2) $B_i(t, \chi_i)$, $1 \leqslant i \leqslant N$ 满足合作 UPE 条件.

那么, 闭环系统 [式 (3.5)] 是 ULES.

进一步地, 如果假设 2.1、假设 2.2 和条件 (1) 与 (2) 对于所有 $(t_0, \chi_{i0}) \in \mathbb{R}_+ \times \mathbb{R}^{n+m}$ 都成立, 则闭环系统式 (3.5) 是 UGES.

证明 仍然只考虑 ULES 情况. 令 $T = \max\{2T_1, T_0\}$, 其中 T_0 已在合作 UPE 条件 (2.7) 中定义. 考虑区间 $\mathcal{I}(t) = [t, t + T)$. 显然, 如果用 T 代替 T_0, 且区间 $[t_r, t_{r+1})$ 至少包含一个 $\mathcal{I}(t)$ 作为其子区间, 则合作 UPE 条件仍然成立. 因此, 有

$$
\begin{aligned}
\int_t^{t+T} \mathcal{L}(\tau) \mathrm{d}\tau &\geqslant \int_{t_r}^{t_r + t_{r+1}} \mathcal{L}(\tau) \mathrm{d}\tau = \sum_{j=1}^{m_r} \left(t_{r_j} - t_{r_{j-1}} \right) \mathcal{L}_{r_j} \\
&\geqslant T_2 \sum_{j=1}^{m_r} \mathcal{L}_{r_j}.
\end{aligned}
\tag{3.21}
$$

由于每个区间 $[t_r, t_{r+1})$ 中的图的集合是连通的, 因此常值矩阵 $\mathcal{L}_r := \sum_{j=1}^{m_r} \mathcal{L}_{r_j}$ 是一些连通图的拉普拉斯矩阵, 且 $\mathcal{L}_r$ 数目有限. 因此, 存在一个常数 $\delta > 0$, 使得 $\lambda_1(\mathcal{L}_r) = 0$, 且 $\delta \leqslant \lambda_2(\mathcal{L}_r) \leqslant \cdots \leqslant \lambda_N(\mathcal{L}_r)$. 结合式 (3.21), 即 $\int_t^{t+T} \mathcal{L}(\tau) \mathrm{d}\tau$ 满足定理 3.2 的条件.

证毕. □

3.2 不确定系统的分布式合作自适应辨识

本节应用 3.1 节提出的 DCA 方案来辨识两类参数化系统: 线性 "静态" 参数化模型 (static parameterized model, SPM) 和线性 "动态" 参数化模型 (dynamic parameterized model, DPM), 关于两类模型的更多细节可以参考文献 [61].

3.2.1 "静态" 参数化模型的分布式合作自适应辨识

考虑一组可以用 SPM 描述的系统:

$$y_i = \phi_i(t)^{\mathrm{T}}\theta, \quad i = 1, 2, \cdots, N. \tag{3.22}$$

其中, $y_i \in \mathbb{R}^n$ 是系统输出; $\theta \in \mathbb{R}^m$ 是未知常值向量; $\phi_i : [0, +\infty) \to \mathbb{R}^{m \times n}$ 是已知的、连续且一致有界的矩阵值函数.

现有文献中广泛应用以下辨识模型:

$$\hat{y}_i = \phi_i(t)^{\mathrm{T}}\hat{\theta}_i, \quad i = 1, 2, \cdots, N. \tag{3.23}$$

其中, $\hat{y}_i$ 是辨识模型输出; $\hat{\theta}_i$ 表示 θ 的估计. 受到 DCA 的思想以及 3.1 节结论的启发, 提出下面的 DCA 律:

$$\dot{\hat{\theta}}_i = \rho\phi_i(t)(y_i - \hat{y}_i) - \gamma \sum_{j \in \mathcal{N}_i} a_{i,j}(t)(\hat{\theta}_i - \hat{\theta}_j) \tag{3.24}$$

其中, $\rho > 0$ 是自适应增益; γ 和 $a_{i,j}$ 由式 (3.3) 定义, 只不过这里 a_{ij} 是时变的.

定义模型输出误差和参数辨识误差分别为 $z_i = y_i - \hat{y}_i$ 和 $\tilde{\theta}_i = \theta - \hat{\theta}_i$. 进而, 记 $z = [z_1^{\mathrm{T}}, \cdots, z_N^{\mathrm{T}}]^{\mathrm{T}}$, $\tilde{\theta} = [\tilde{\theta}_1^{\mathrm{T}}, \cdots, \tilde{\theta}_N^{\mathrm{T}}]^{\mathrm{T}}$ 和 $\Phi(t) = \mathrm{diag}\{\phi_1(t), \cdots, \phi_N(t)\}$, 则有

$$z = \Phi(t)^{\mathrm{T}}\tilde{\theta}, \tag{3.25}$$

$$\dot{\tilde{\theta}} = -\rho\Phi(t)z - (\gamma\mathcal{L}(t) \otimes I_m)\tilde{\theta}. \tag{3.26}$$

将式 (3.25) 代入式 (3.26), 可得

$$\dot{\tilde{\theta}} = -[\rho\Phi(t)\Phi(t)^{\mathrm{T}} + \gamma\mathcal{L}(t) \otimes I_m]\tilde{\theta}. \tag{3.27}$$

进而, 有如下定理:

定理 3.3 考虑包含式 (3.22)~ 式 (3.24) 的自适应系统. 假设网络拓扑是无向的, 如果存在正常数 T_0, δ 和 α_0, 使得下面两个条件成立:

(1) 矩阵 $\int_t^{t+T_0} \mathcal{L}(\tau)\mathrm{d}\tau$ 仅有一个零特征值 λ_1, 其他非零特征值对任意的 $t \geqslant t_0$ 满足 $\delta \leqslant \lambda_2(t) \leqslant \cdots \leqslant \lambda_N(t)$;

(2) $\phi_i(t), 1 \leqslant i \leqslant N$ 满足合作 PE 条件.

那么, 闭环系统 [式 (3.27)] 是 UGES.

证明   由于网络拓扑是无向的, 因此矩阵 $\rho\Phi(t)\Phi(t)^{\mathrm{T}} + (\gamma\mathcal{L}(t) \otimes I_m)$ 是对称、正定的, 这意味着存在一个矩阵 $\Psi(t)$, 使得

$$\rho\Phi(t)\Phi(t)^{\mathrm{T}} + (\gamma\mathcal{L}(t) \otimes I_m) = \Psi(t)\Psi(t)^{\mathrm{T}}.$$

基于引理 2.16, 由 $\phi_i(t)$ 的一致有界性可知, $\Psi(t)$ 是一致有界的. 现在需要证明 $\Psi(t)$ 是 UPE 的, 即存在 $\alpha > 0$ 使得

$$\int_t^{t+T_0} \left[\rho\Phi(\tau)\Phi(\tau)^{\mathrm{T}} + \gamma\mathcal{L}(t) \otimes I_m\right] \mathrm{d}\tau \geqslant \alpha I_m. \tag{3.28}$$

显然, 在本定理的条件下, 由定理 3.2 的证明过程类似可以证得.

证毕.   □

3.2.2   "动态" 参数化模型的分布式合作自适应辨识

考虑一组由 DPM 给出的系统:

$$\dot{y}_i = \phi_i(t, y_i)^{\mathrm{T}}\theta, \quad i = 1, 2, \cdots, N, \tag{3.29}$$

其中, $y_i, \phi_i(t, y_i)$ 和 θ 的含义同式 (3.22), 但 $\phi_i(t, y_i)$ 允许依赖于 y_i.

式 (3.29) 的辨识模型设计为

$$\dot{\hat{y}}_i = a_i(\hat{y}_i - y_i) + \phi_i(t, y_i)^{\mathrm{T}}\hat{\theta}_i, i = 1, \cdots, N, \tag{3.30}$$

其中, $a_i > 0$ 是设计参数; $\hat{\theta}_i$ 和 $\hat{y}_i$ 如式 (3.23) 定义. DCA 律为

$$\dot{\hat{\theta}}_i = \rho\phi_i(t, y_i)(y_i - \hat{y}_i) - \gamma \sum_{j \in \mathcal{N}_i} a_{i,j}(t)(\hat{\theta}_i - \hat{\theta}_j), \tag{3.31}$$

其中, ρ, γ 和 $a_{i,j}(t)$ 由式 (3.24) 定义. 定义模型输出误差 z 和参数估计误差 $\tilde{\theta}$ 如式 (3.25), 则它们的动态模型可以表示如下:

$$\begin{bmatrix} \dot{z} \\ \dot{\tilde{\theta}} \end{bmatrix} = \begin{bmatrix} A & \Phi(t, y)^{\mathrm{T}} \\ -\rho\Phi(t, y) & -\gamma\mathcal{L}(t) \otimes I_m \end{bmatrix} \begin{bmatrix} z \\ \tilde{\theta} \end{bmatrix}, \tag{3.32}$$

其中, $y = [y_1, \cdots, y_N]^{\mathrm{T}}$; $A = \mathrm{diag}\{a_1 I_n, \cdots, a_N I_n\}$; $\Phi(t, y)$ 类似于式 (3.25) 中的 $\Phi(t)$.

定理 3.4　考虑包含式 (3.29)~ 式 (3.31) 的自适应系统, 假设网络拓扑是无向的. 对于任意给定的常数 $r > 0$, 如果存在正常数 T_0, δ 和 α_0, 使得下面两个条件成立:

(1)　矩阵 $\int_t^{t+T_0} \mathcal{L}(\tau)\mathrm{d}\tau$ 仅有一个零特征值 λ_1, 它的所有其他非零特征值对任何的 $t \geqslant t_0$ 满足 $\delta \leqslant \lambda_2(t) \leqslant \cdots \leqslant \lambda_N(t)$;

(2)　$\phi_i(t, y), 1 \leqslant i \leqslant N$ 满足合作 UPE 条件.

那么, 闭环系统 [式 (3.32)] 是 ULES.

证明　根据定理 3.2, 仅需验证假设 2.1 和假设 2.2. 考虑 Lyapunov 函数

$$V = \frac{1}{2} z^{\mathrm{T}} z + \frac{1}{\rho} \tilde{\theta}^{\mathrm{T}} \tilde{\theta},$$

其导数为

$$\dot{V} = -\sum_{i=1}^{N} a_i z_i^{\mathrm{T}} z_i - \gamma \tilde{\theta}^{\mathrm{T}} \mathcal{L}(t) \otimes I_m \tilde{\theta},$$

这意味着对于所有的 $(t_0, (z(t_0), \tilde{\theta}_i(t_0)) \in \mathbb{R}^+ \times B_r$, V 是一致有界的. 进而, 基于 V 的有界性, 易得假设 2.1 成立. 令 $P = \rho I_{nN}$ 和 $Q = -2\rho A$, 也可得假设 2.2 成立.

证毕.　　　　　　　　　　　　　　　　　　　　　　　　　　　　　　　　　□

3.3　基于事件驱动的分布式自适应线性时变系统辨识

为了节省通信资源, 本节将基于事件驱动的通信策略用于多智能体系统的辨识问题.

3.3.1　问题描述

考虑如下线性时变多智能体系统:

$$\dot{\chi}_i = \Lambda(t)\chi_i + \Xi(t)u_i, t \in [0, \infty), i = 1, 2, \cdots, N. \tag{3.33}$$

其中, $\chi_i \in \mathbb{R}^n$ 与 $u_i \in \mathbb{R}^m$ 分别为第 i 个智能体的状态与控制输入; $\varLambda : \mathbb{R}_{\geqslant 0} \to \mathbb{R}^{n \times n}$ 和 $\varXi : \mathbb{R}_{\geqslant 0} \to \mathbb{R}^{n \times m}$ 是两个时变矩阵.

记 $H_i(t, \chi_i(t), t_{k_i}^i, \chi_i(t_{k_i}^i))$ 为第 $i(i = 1, 2, \cdots, N)$ 个智能体的驱动函数, 其中 $t_{k_i}^i$ 是第 i 个智能体的第 k_i 个通信时刻, 在时刻 $t_{k_i}^i$ 之后, 第 i 个智能体连续地监控它自己的状态 $\chi_i(t)$, 来检测驱动条件

$$H_i\left(t, \chi_i(t), t_{k_i}^i, \chi_i(t_{k_i}^i)\right) > 0 \tag{3.34}$$

是否满足. 如果驱动条件 [式 (3.34)] 成立, 则用 $t_{(k+1)_i}^i$ 重新定义现在的时间, 且第 i 个智能体将立即向它的邻居智能体发送此时的时刻 $t_{(k+1)_i}^i$ 和此时的状态 $\chi_i\left(t_{(k+1)_i}^i\right)$, 即认为在这个时刻, 第 i 个多智能体的事件发生了. 对于所有的节点来说, $t_{k_i}^i, i = 1, \cdots, N$ 是独立的, 且可以是不同步的.

本节的目标是基于上面的事件驱动通信策略, 设计一个分布式控制为

$$u_i = v(t, (\cup_{j \in \{i\} \cup \mathcal{N}_i})(t_{k_j}^j, \chi_j(t_{k_i}^j))),$$

其中, $t_{k_j}^j$ 是第 j 个智能体在时刻 t 之前的最近的事件发生的时刻. 这样, 对所有的智能体系统来说, 上面的控制在满足 $\chi_i(t) - \chi_j(t) \to 0$ 的同时, 要确保没有出现 Zeno 现象.

基于上面的描述, 设计事件驱动控制为

$$u_i = K(t) \sum_{j \in \mathcal{N}_i} a_{ij}[\varPsi(t_{k_j}^j)\chi_j(t_{k_j}^j) - \varPsi(t_{k_i}^i)\chi_i(t_{k_i}^i)], t \in [t_{k_i}^j, t_{(k+1)_i}^j), \tag{3.35}$$

其中, $K(t)$ 和 $\varPsi(t)$ 是两个需要设计的时变有界矩阵. 驱动函数为

$$H_i\left(t, \chi_i(t), t_{k_i}^i, \chi_i(t_{k_i}^i)\right) = \|e_{\chi_i}(t)\|^2 - ce^{-\alpha t}, t > t_{k_i}^i, \tag{3.36}$$

其中, $e_{\chi_i}(t) = \varPsi(t_{k_j}^j)\chi_j(t_{k_j}^j) - \varPsi(t_{k_i}^i)\chi_i(t_{k_i}^i)$; c 和 α 是两个需要设计的正参数.

注 3.3 事件驱动控制律 [式 (3.35)] 和其他一般线性时变系统的控制律是不一样的. 首先, 式 (3.35) 中的控制增益矩阵 $K(t)$ 是时变的. 其次, 式 (3.35) 中的 $\varPsi(t)$ 出现在一致性时刻. 因此, 如何设计 $K(t)$ 和 $\varPsi(t)$ 是一个关键性的问题. 另外, 受文献[71]提出的思想所激励, 本书提出了驱动函数, 其中 c 和 α 是两个需要设计的正参数. 下面定理将给出如何设计 $K(t), \varPsi(t)$ 与参数 c, α.

简单地, 令 $\chi = [\chi_1^{\mathrm{T}}, \cdots, \chi_N^{\mathrm{T}}]$ 和 $e_\chi(t) = \left[e_{\chi_1^{\mathrm{T}}}(t)^{\mathrm{T}}, \cdots, e_{\chi_N^{\mathrm{T}}}(t) \right]^{\mathrm{T}}$, 把控制方程 [式 (3.35)] 代入系统 [式 (3.33)] 得

$$\dot{\chi} = [I_N \otimes \Lambda(t) + \mathcal{L} \otimes (\Xi(t)K(t))]\chi + \mathcal{L} \otimes (\Xi(t)K(t))e_\chi(t). \tag{3.37}$$

3.3.2   一致性分析

在一致性分析中, 人们通常利用一个适当的非奇异变换把一致性问题转换为稳定性问题. 因此, 做出以下假设.

假设 3.1   存在两个时变矩阵 $\gamma(t)$ 和 $\Theta(t)$, 一个半正定矩阵 $\Psi(t)$ 和一个常向量 ζ, 在非奇异变换 $z_i(t) = \Psi(t)\chi_i(t) + \zeta$ 下, 系统变为

$$\dot{z}(t) = \Upsilon(t)\Psi(t)z(t) + \Theta(t)e_z(t), \tag{3.38}$$

其中,

$$z = [z_1^{\mathrm{T}}, \cdots, z_N^{\mathrm{T}}]^{\mathrm{T}};$$

$$e_{zi} = z_i(t) - z_i(t_{k_i^i}) = [\Psi(t)\chi_i(t) + \zeta] - [\Psi(t_{k_i^i})\chi_i(t_{k_i^i}) + \zeta] = e_{\chi i}(t). \tag{3.39}$$

假设 3.2   存在一个函数 $V(z(t))$ 使下面的式子成立:

$$k_1 z^{\mathrm{T}} z \leqslant V(z(t)) \leqslant k_2 z^{\mathrm{T}} z,$$

$$\frac{\mathrm{d}V(z(t))}{\mathrm{d}t} \leqslant -z^{\mathrm{T}} \Omega(t)z + \varrho \mathrm{e}^{-\alpha t}.$$

其中, $\Omega(t)$ 是半正定矩阵; ϱ, k_1 和 k_2 是正常数.

假设 3.3   存在常数 $\varpi_\Upsilon, \varpi_\Psi, \varpi_\Theta, \varpi_\Omega$ 满足下列式子:

$$\|\Upsilon(t)\| \leqslant \varpi_\Upsilon, \|\Psi(t)\| \leqslant \varpi_\Psi, \Theta(t) \leqslant \varpi_\Theta, \|\Omega(t) \leqslant \varpi_\Omega, t \geqslant 0.$$

另外, 假设 $\Omega(t) \geqslant \Psi(t)$ 和 $\Omega(t)$ 是 PE 的, 即存在常数 T 和 ε 使下面式子成立:

$$\sigma_{\min} \left(\int_t^{t+T} \Omega(\tau)\mathrm{d}\tau \right) \geqslant \varepsilon.$$

现在给出本节中的第一个主要定理.

定理 3.5 考虑由式 (3.8)、式 (3.10) 和式 (3.11) 组成的闭环系统. 在假设 3.1~假设3.3成立的条件下, 如果设计参数 α 满足 $\alpha \in (0, \beta)$, 其中,

$$\beta = -\frac{1}{T}\ln\left(1 - \frac{\varepsilon^2}{(\varepsilon + k_2)(\varepsilon + 2k_2\varpi_\Omega T^2\varpi_\Upsilon^2\varpi_\Psi)}\right).$$

这时, 有

(1) 一定存在正常数 ζ_1 与 ζ_2, 使以下不等式成立:

$$\sum_{i=1}\|\chi_i(t) - \psi^{-1}(t)\zeta\|^2 \leqslant \zeta_1 e^{-\beta t} + \zeta_2 e^{-\alpha t};$$

(2) Zeno 现象不存在.

证明 由假设 3.2, 很容易得出

$$\frac{\mathrm{d}V(z(t))}{\mathrm{d}t} \leqslant -z(t)^{\mathrm{T}}\Omega(t)z(t) + \varrho e^{-\alpha t}. \tag{3.40}$$

把式 (3.40) 等号两侧从 t 到 $t + T$ 进行积分, 得

$$V(z(t+T)) - V(z(t))$$
$$\leqslant -\int_t^{t+T} z(\tau)^{\mathrm{T}}\Omega(t)z(\tau)\mathrm{d}\tau + \frac{\varrho}{\alpha}(e^{-\alpha t} - e^{-\alpha(t+T)}) \tag{3.41}$$
$$\leqslant -\int_t^{t+T}\|\Omega^{\frac{1}{2}}(\tau)z(\tau)\|^2\mathrm{d}\tau + \frac{\varrho}{\alpha}(e^{-\alpha t} - e^{-\alpha(t+T)}),$$

其中, $\Omega^{\frac{1}{2}}(t)$ 是由半正定矩阵 $\Omega(t)$ 分解而成, 即 $\Omega(t) = \Omega^{\frac{1}{2}}(t)\Omega^{\frac{1}{2}}(t)$. 由式 (3.38) 可得

$$z(\tau) = z(t) + \int_t^\tau (\Upsilon(s)\Psi(s)z(s) + \Theta(s)e_z(s))\mathrm{d}s. \tag{3.42}$$

把式 (3.42) 代入式 (3.41), 得

$$V(z(t+T)) - V(z(t))$$
$$\leqslant -\int_t^{t+T}\left\|\Omega^{\frac{1}{2}}(\tau)\left(z(t) + \int_t^\tau (\Upsilon(s)\Psi(s)z(s) + \Theta(s)e_z(s))\,\mathrm{d}s\right)\right\|^2\mathrm{d}\tau \tag{3.43}$$
$$+\frac{\varrho}{\alpha}(e^{-\alpha t} - e^{-\alpha(t+T)}).$$

将引理 2.22 中的 a 设为 $\Omega^{\frac{1}{2}}(\tau)z(t)$, b 设为 $\Omega^{\frac{1}{2}}(\tau)\int_t^\tau (\Upsilon(s)\Psi(s)z(s) + \Theta(s)e_z(s))\mathrm{d}s$, 代入不等式 (3.43) 中, 得

$$
\begin{aligned}
&V(z(t+T)) - V(z(t))\\[2mm]
&\leqslant -\frac{\theta}{1+\theta}\int_t^{t+T}\left\|\Omega^{\frac{1}{2}}(\tau)z(t)\right\|^2\mathrm{d}\tau\\[2mm]
&\quad+\theta\int_t^{t+T}\left\|\Omega^{\frac{1}{2}}(\tau)\int_t^\tau (\Upsilon(s)\Psi(s)z(s) + \Theta(s)e_z(s))\mathrm{d}s\right\|^2\mathrm{d}\tau\\[2mm]
&\quad+\frac{\varrho}{\alpha}(\mathrm{e}^{-\alpha t} - \mathrm{e}^{-\alpha(t+T)}),
\end{aligned}
\tag{3.44}
$$

其中, θ 是需要设计的正常数. 结合假设 3.3, 式 (3.44) 可以变为

$$
\begin{aligned}
&V(z(t+T)) - V(z(t))\\[2mm]
&\leqslant -\frac{\theta\varepsilon}{1+\theta}\|z(t)\|^2 + \frac{\varrho}{\alpha}(\mathrm{e}^{-\alpha t} - \mathrm{e}^{-\alpha(t+T)})\\[2mm]
&\quad+\theta\varpi_\Omega\int_t^{t+T}\left\|\int_t^\tau (\Upsilon(s)\Psi(s)z(s) + \Theta(s)e_z(s)\mathrm{d}s\right\|\mathrm{d}\tau\\[2mm]
&\leqslant -\frac{\theta\varepsilon}{1+\theta}\|z(t)\|^2 + \frac{\varrho}{\alpha}(\mathrm{e}^{-\alpha t} - \mathrm{e}^{-\alpha(t+T)})\\[2mm]
&\quad+\theta\varpi_\Omega\int_t^{t+T}\left(\int_t^\tau \|\Upsilon(s)\Psi(s)z(s) + \Theta(s)e_z(s))\|\,\mathrm{d}s\right)^2\mathrm{d}\tau.
\end{aligned}
\tag{3.45}
$$

利用引理 2.23, 令 $f(s) = 1$, $g(s) = \|\Upsilon(s)\Psi(s)z(s) + \Theta(s)e_z(s)\|$, $\tau - t \leqslant T$, 可得

$$
\begin{aligned}
&V(z(t+T)) - V(z(t))\\[2mm]
&\leqslant -\frac{\theta\varepsilon}{1+\theta}\|z(t)\|^2 + \frac{\varrho}{\alpha}(\mathrm{e}^{-\alpha t} - \mathrm{e}^{-\alpha(t+T)})\\[2mm]
&\quad+\theta\varpi_\Omega T\int_t^{t+T}\int_t^\tau \|\Upsilon(s)\Psi(s)z(s) + \Theta(s)e_z(s)\|^2\mathrm{d}s\mathrm{d}\tau.
\end{aligned}
\tag{3.46}
$$

改变式 (3.46) 中的不等号右侧第二项中的积分顺序, 令 $t + T - s \leqslant T$, 可得

$$V(z(t+T)) - V(z(t))$$

$$\leqslant -\frac{\theta\varepsilon}{1+\theta}\|z(t)\|^2 + \frac{\varrho}{\alpha}(\mathrm{e}^{-\alpha t} - \mathrm{e}^{-\alpha(t+T)})$$

$$+\theta\varpi_\Omega T^2 \int_t^{t+T} \|\Upsilon(\tau)\Psi(\tau)z(\tau) + \Theta(\tau)e_z(\tau)\|^2\mathrm{d}\tau$$

$$\leqslant -\frac{\theta\varepsilon}{1+\theta}\|z(t)\|^2 + \frac{\varrho}{\alpha}(\mathrm{e}^{-\alpha t} - \mathrm{e}^{-\alpha(t+T)})$$

$$+2\theta\varpi_\Omega T^2\varpi_\Upsilon^2\varpi_\Psi \int_t^{t+T} z(\tau)^{\mathrm{T}}\Psi(\tau)z(\tau)\mathrm{d}\tau$$

$$+2\theta\varpi_\Omega T^2\varpi_\Theta^2 \int_t^{t+T} e_z(\tau)^{\mathrm{T}}e_z(\tau)\mathrm{d}\tau,$$

(3.47)

在上面的最后一个关系中利用了不等式 $\|a + b\|^2 \leqslant 2\|a\|^2 + 2\|b\|^2$ (a 和 b 是向量).
利用不等式 $e(t)^{\mathrm{T}}e(t) \leqslant Nc\mathrm{e}^{-\alpha t}$, 可得

$$V(z(t+T)) - V(z(t))$$

$$\leqslant -\frac{\theta\varepsilon}{1+\theta}\|z(t)\|^2 + \frac{\varrho}{\alpha}(\mathrm{e}^{-\alpha t} - \mathrm{e}^{-\alpha(t+T)})$$

$$+2\theta\varpi_\Omega T^2\varpi_\Upsilon^2\varpi_\Psi \int_t^{t+T} z(\tau)^{\mathrm{T}}\Psi(\tau)z(\tau)\mathrm{d}\tau$$

$$+\frac{2\theta\varpi_\Omega T^2\varpi_\Theta^2 Nc}{\alpha}(\mathrm{e}^{-\alpha t} - \mathrm{e}^{-\alpha(t+T)}).$$

(3.48)

根据假设 3.2 和假设 3.3, 有结论 $-\|z(t)\|^2 \leqslant -k_2^{-1}V(z(t))$ 和 $\Psi(t) \leqslant \Omega(t)$, 代入式 (3.48), 可得

$$V(z(t+T)) - V(z(t))$$

$$\leqslant -\frac{\theta\varepsilon}{(1+\theta)k_2}V(t) \quad + \frac{\varrho}{\alpha}(\mathrm{e}^{-\alpha t} - \mathrm{e}^{-\alpha(t+T)})$$

$$+2\theta\varpi_\Omega T^2\varpi_\Upsilon^2\varpi_\Psi \int_t^{t+T} z(\tau)^{\mathrm{T}}\Omega(\tau)z(\tau)\mathrm{d}\tau$$

$$+\frac{2\theta\varpi_\Omega T^2\varpi_\Theta^2 Nc}{\alpha}(\mathrm{e}^{-\alpha t} - \mathrm{e}^{-\alpha(t+T)}).$$

(3.49)

把式 (3.41) 代入式 (3.49), 可得

$$V(z(t+T)) - V(z(t))$$

$$\leqslant -\frac{\theta\varepsilon}{(1+\theta)k_2}V(z(t)) + \frac{\varrho}{\alpha}(\mathrm{e}^{-\alpha t} - \mathrm{e}^{-\alpha(t+T)})$$

$$+2\theta\varpi_\Omega T^2\varpi_\Upsilon^2\varpi_\Psi(V(z(t)) - V(z(t+T)))$$

$$+\frac{2\theta\varpi_\Omega T^2\varpi_\Upsilon^2\varpi_\Psi\varrho}{\alpha}(\mathrm{e}^{-\alpha t} - \mathrm{e}^{-\alpha(t+T)}).$$

(3.50)

整理式 (3.50), 得

$$V(z(t+T)) \leqslant k_3 V(z(t)) + k_4 \mathrm{e}^{-\alpha t}, \tag{3.51}$$

其中,

$$k_3 := 1 - \frac{\theta\varepsilon}{k_2(1+\theta)(1+2\theta\varpi_\Omega T^2\varpi_\Upsilon^2\varpi_\Psi)};$$

$$k_4 := \frac{2\theta\varpi_\Omega T^2\varpi_\Upsilon^2\varpi_\Psi\varrho + 2\theta\varpi_\Omega T^2\varpi_\Theta^2 Nc + \varrho}{\alpha(1+2\theta\varpi_\Omega T^2\varpi_\Upsilon^2\varpi_\Psi)}.$$

在这两个定义中, 把 θ 取为 $\dfrac{k_2}{\varepsilon}$, 可得

$$k_3 = 1 - \frac{\varepsilon^2}{(\varepsilon+k_2)(\varepsilon+2k_2\varpi_\Omega T^2\varpi_\Upsilon^2\varpi_\Psi)} \in (0,1);$$

$$k_4 = \frac{2k_2\varpi_\Omega T^2\varpi_\Upsilon^2\varpi_\Psi\varrho + 2k_2\varpi_\Omega T^2\varpi_\Theta^2 Nc + \varrho\varepsilon}{\alpha(\varepsilon+2k_2\varpi_\Omega T^2\varpi_\Upsilon^2\varpi_\Psi\varrho)}.$$

由式 (3.40) 可知, $V(t) \leqslant \varrho T + V(0), t \in [0,T)$. 设 $\alpha \in (0,\beta)$, 得

$$V(z(t)) \leqslant \eta_1 \mathrm{e}^{-\beta t} + \eta_2 \mathrm{e}^{-\alpha t}, \tag{3.52}$$

其中, $\eta_1 = \dfrac{\varrho T + V(0)}{k_3}$; $\eta_2 = \max\left(\varrho T + V(0)\right)\mathrm{e}^{\alpha T}$; $\beta = -\dfrac{\ln k_3}{T}$.

(1) 由 $z_i(t) = \Psi(t)x_i(t) + \zeta$ 和 $k_1 z(t)^{\mathrm{T}} z(t) \leqslant V(z(t))$, 很容易得到

$$\sum_{i=1}^{N} \|x_i(t) + \Psi^{-1}(t)\zeta\|^2 \leqslant \frac{V(t)}{\Psi_0^2 k_1}, \tag{3.53}$$

其中, Ψ_0 是 $\Psi^{-1}(t)$ 的上界. 把式 (3.52) 代入式 (3.53), 得

$$\sum_{i=1}^{N} \|x_i(t) + \Psi^{-1}(t)\zeta\|^2 \leqslant \zeta_1 \mathrm{e}^{-\beta t} + \zeta_2 \mathrm{e}^{-\alpha t}, \tag{3.54}$$

其中, $\zeta_1 = \dfrac{\eta_1}{\Psi_0^2 k_1}$; $\zeta_2 = \dfrac{\eta_2}{\Psi_0^2 k_1}$.

(2) 首先, 由 $e_{\chi i}(t) = e_{zi}(t) = z_i(t) - z_i(t_{k_i}^i)$ 可得 $\dot{e}_{zi}(t) = \dot{z}_i(t)$, 其中 $t \in [t_{k_i}^i, t_{k+1_i}^i)$. 注意到 $e_i(t_{k_i}^i) = 0$, 由式 (3.38) 可推导出

$$\|e_{\chi i}(t)\| \leqslant \int_{t_{k_i}^i}^{t} \|\dot{z}_i(\tau)\|\mathrm{d}\tau \leqslant \int_{t_{k_i}^i}^{t} \|\Upsilon(\tau)\Psi(\tau)z(\tau) + \Theta(\tau)e_z(\tau)\|\mathrm{d}\tau. \tag{3.55}$$

基于 $k_1 z(t)^T z(t) \leqslant V(t)$ 和式 (3.52), 可得

$$\|z(t)\| \leqslant \sqrt{\frac{\eta_1}{k_1}}\mathrm{e}^{-\frac{\beta}{2}t_{k_i}^i} + \sqrt{\frac{\eta_2}{k_1}}\mathrm{e}^{-\frac{\alpha}{2}\tau}. \tag{3.56}$$

利用式 (3.36), 可得

$$\|e(t)\| \leqslant \sqrt{N}c\mathrm{e}^{-\frac{\alpha}{2}\tau}. \tag{3.57}$$

把式 (3.56) 和式 (3.57) 代入式 (3.55), 联合假设 3.3, 得

$$\|e_{\chi i}(t)\| \leqslant (\mu_1 \mathrm{e}^{-\beta t_{k_i}^i} + \mu_2 \mathrm{e}^{-\alpha t_{k_i}^i})(t - t_{k_i}^i), \tag{3.58}$$

其中, $\mu_1 = \varpi_\Upsilon \varpi_\Psi \sqrt{\dfrac{\eta_1}{k_1}}$; $\mu_2 = \varpi_\Upsilon \varpi_\Psi \sqrt{\dfrac{\eta_2}{k_1}} + \varpi_\Theta \sqrt{N}c$.

下一次的事件不会在 $\|e_i(t)\|^2 = c\mathrm{e}^{-\alpha t}$ 之前驱动, 这样把两次事件间隔的一个下界设为 $\tau = t - t_{k_i}^i$, 即下面等式的解,

$$\left(\mu_1 \mathrm{e}^{\left(\frac{\alpha}{2}-\frac{\beta}{2}\right)t_{k_i}^i} + \mu_2\right)\tau = \sqrt{N}c\mathrm{e}^{-\frac{\alpha}{2}\tau}. \tag{3.59}$$

因为 $0 < \alpha < \beta$, 所以 $\mu_2 \leqslant \mu_1 \mathrm{e}^{\left(\frac{\alpha}{2}-\frac{\beta}{2}\right)t_{k_i}^i} + \mu_2 \leqslant \mu_1 + \mu_2$ 成立. 对于 $t_{k_i}^i \geqslant 0$, 解 $\tau(t_{k_i}^i)$ 大于或等于下面等式的解 τ,

$$(\mu_1 + \mu_2)\tau = \sqrt{N}c\mathrm{e}^{-\frac{\alpha}{2}\tau}.$$

易知上式中的解是严格正的, 由此可知这一系统中不存在 Zeno 现象.

至此, 完整地证明了定理的成立. □

注 3.4　在定理3.5的证明中, 假设3.1～ 假设 3.3有着十分重要的作用. 在实际应用中, 对于基于事件驱动的一致性分析, 怎样选取合适的非奇异变换和 Lyapunov 函数是十分重要的.

3.3.3　基于事件驱动的线性时变系统的一致性

本小节利用 3.3.2 小节的结果来设计一类具有相同结构的线性时变多智能体系统的一致性控制律.

考虑一类具有相同结构的线性时变多智能体:

$$\dot{x}_i = A(t)x_i + B(t)u_i, t \in [0, \infty), i = 1, 2, \cdots, N, \tag{3.60}$$

其中, $x_i \in \mathbb{R}^n$ 与 $u_i \in \mathbb{R}^m$ 分别为第 i 个智能体的状态和控制输入; $A : \mathbb{R}_{\geqslant 0} \to \mathbb{R}^{n \times n}$ 与 $B : \mathbb{R}_{\geqslant 0} \to \mathbb{R}^{m \times m}$ 分别为时变矩阵.

基于 3.3.2 小节中的控制律, 本小节设计 $K(t) = B(t)^{\mathrm{T}} \Phi_A(0, t)^{\mathrm{T}}$ 和 $\Psi(t_{k_i}^j) = \Phi_A(0, t_{k_i}^j)$. 于是, 给出本小节中第 i 个智能体的具体控制律:

$$u_i = B(t)^{\mathrm{T}} \Phi_A(t)^{\mathrm{T}} \sum_{j \in \mathcal{N}_i} \Upsilon_{ij} (\Phi_A(0, t_{k_j}^j) x_j(t_{k_j}^j) - \Phi_A(0, t_{k_i}^i) x_i(t_{k_i}^i)). \tag{3.61}$$

其中, Υ_{ij} 为邻接矩阵 Γ 的元素; $\Phi_A(\cdot, \cdot)$ 为 $A(t)$ 的状态转移矩阵. 驱动条件设计为

$$H(t, x_i(t), t_{k_i}^i, x_i(t_{k_i}^i)) = e_i(t)^{\mathrm{T}} e_i(t) - c e^{-\alpha t}, t > t_{k_i}^i, \tag{3.62}$$

其中, $e_i(t) = \Phi_A(0, t) x_i(t) - \Phi_A(0, t_{k_i}^i x_i(t_{k_i}^i)$; $c, \alpha > 0$ 是两个正的设计参数. 在表述主要结果之前, 本小节首先设定一些合理的假设.

假设 3.4　对于所有的 t_1, t_2, $t \geqslant 0$, 存在 $\bar{a} \geqslant 1$ 和 $\bar{b} \geqslant 1$ 满足 $\|\Phi_A(t_1, t_2)\| \leqslant \bar{a}$ 和 $\|B(t)\| \leqslant \bar{b}$.

假设 3.5　(A, B) 是一致能控的, 即存在一对正数 (ε, T) 满足

$$\sigma_{\min}(W_c(t, t + T)) \geqslant \varepsilon, t \geqslant 0.$$

定义 $\bar{x} = [\bar{x}_1(t)^{\mathrm{T}}, \cdots, \bar{x}_N(t)^{\mathrm{T}}]^{\mathrm{T}}$, $\bar{x}_i = \Phi_A(0, t)^{-1} \sum_{i=1}^{N} r_i x_i(0)$.

现在给出本小节的主要结论.

定理 3.6 在假设3.4和假设3.5成立的情况下, 由式 (3.61) 和式 (3.60) 组成的闭环系统, 如果 α 满足 $0 < \alpha < \beta$, 其中,

$$\beta = -\frac{1}{T} \ln \left(\frac{\varepsilon}{(\varepsilon + \sigma_{\max}(P))(\varepsilon + 2\sigma_{\max}(P)\bar{a}^4\bar{b}^4l^2T^2)} \right),$$

$l = \sup\{\|\mathcal{L} + \mathbf{1}_N r^{\mathrm{T}}\|\}$. 于是, 有

(1) 存在两个正常数 ζ_1 和 ζ_2, 满足

$$\|x - \bar{x}\| \leqslant \zeta_1 \mathrm{e}^{\frac{-\beta t}{2}} + \zeta_2 \mathrm{e}^{\frac{-\alpha t}{2}}, \tag{3.63}$$

即所有智能体的状态最终趋于一致;

(2) 该系统中不存在 Zeno 现象, 即 $t^i_{(k+1)_i} - t^i_{k_i}, i = 1, \cdots, N; k = 1, \cdots$ 有一个正常数的下界.

为了把一致性问题转化为稳定性问题, 本小节引入新变量 $z = [z_1(t)^{\mathrm{T}}, \cdots, z_N(t)^{\mathrm{T}}]^{\mathrm{T}}$, 其中,

$$z_i = \Phi_A(0, t)x_i(t) - \sum_{i=1}^{N} r_i x_i(0), i = 1, \cdots, N,$$

其中, $r_i > 0$ 的定义见第 2 章. 令 $e(t) = [e_1(t), \cdots, e_N(t)]^{\mathrm{T}}$. 这样, 有下面的引理.

引理 3.1 变量 $z(t)$ 满足下面的等式:

$$\dot{z}(t) = ((-\mathcal{L} - \mathbf{1}_N r^{\mathrm{T}}) \otimes F(t))z(t) - (\mathcal{L} \otimes F(t))e(t), \tag{3.64}$$

其中, $F(t) = \Phi_A(0, t)B(t)B(t)^{\mathrm{T}}\Phi_A(0, t)^{\mathrm{T}}$; $\mathcal{L}$ 是图 $\mathcal{G}$ 的拉普拉斯矩阵.

证明 由一个简单等式开始:

$$\Phi_A(0, t)\Phi_A(t, 0) = I_n.$$

对等式两侧进行求导, 可得

$$\dot{\Phi}_A(0, t)\Phi_A(t, 0) + \Phi_A(0, t)\dot{\Phi}_A(t, 0) = 0,$$
$$\dot{\Phi}_A(0, t) = -\Phi_A(0, t)\dot{\Phi}_A(t, 0)\Phi_A(0, t) = -\Phi_A(0, t)A(t).$$

于是, 有

$$\dot{z}_i(t) = \dot{\Phi}_A(0, t)x_i(t) + \Phi_A(0, t)\dot{x}_i(t)$$

$$= \Phi_A(0, t)B(t)B(t)^{\mathrm{T}}\Phi_A(0, t)^{\mathrm{T}} \tag{3.65}$$

$$\times \sum_{j \in \mathcal{N}_i} r_{ij} \left(\Phi_A(0, t_{k_j}^j)x_j(t_{k_j}^j) - \Phi_A(0, t_{k_i}^i)x_i(t_{k_i}^i) \right).$$

联合

$$e_i(t) = \Phi_A(0, t)x_i(t) - \Phi_A(0, t_{k_i}^i)x_i(t_{k_i}^i)$$

和

$$z_i = \Phi_A(0, t)x_i(t) - \sum_{i=1}^{N} r_i x_i(0),$$

得到

$$\dot{z}_i(t) = \Phi_A(0, t)B(t)B(t)^{\mathrm{T}}\Phi_A(0, t)^{\mathrm{T}} \sum_{j \in \mathcal{N}_i} r_{ij}(z_j(t) - z_i(t))$$

$$+ \Phi_A(0, t)B(t)B(t)^{\mathrm{T}}\Phi_A(0, t)^{\mathrm{T}} \sum_{j \in \mathcal{N}_i} r_{ij}(e_j(t) - e_i(t)). \tag{3.66}$$

将上式写成矩阵的形式:

$$\dot{z}(t) = ((-\mathcal{L} \otimes F(t))(z(t) + e(t)), \tag{3.67}$$

易知下面等式成立:

$$\begin{cases} (\mathbf{1}_N r^{\mathrm{T}} \otimes I_n)\dot{z}(t) = 0, \\ (\mathbf{1}_N r^{\mathrm{T}} \otimes I_n)z(0) = 0. \end{cases} \tag{3.68}$$

联合式 (3.67)～ 式 (3.69), 可得

$$\dot{z}(t) = \left((-\mathcal{L} - \mathbf{1}_N r^{\mathrm{T}}) \otimes F(t) \right) - (\mathcal{L} \otimes F(t)) e(t) \tag{3.69}$$

证毕.　　　　　　　　　　　　　　　　　　　　　　　　　　　　　□

下面给出定理 3.6 的证明.

证明　为了应用定理 3.1, 需要检查假设 3.1～ 假设 3.3 是否成立.

(1) 令 $\Upsilon(t) = (-\mathcal{L} - \mathbf{1}_N r^{\mathrm{T}}) \otimes I_n$, $\Psi(t) = I_n \otimes F(t)$, $\Theta(t) = -(\mathcal{L} \otimes F(t))$ 和 $\zeta = -\sum_{i=1}^{N} r_i x_i(0)$. 显而易见, $\Psi(t)$ 是一个半正定矩阵. 在非奇异变换

$$z_i(t) = \Psi(t) x_i(t) + \zeta = \Phi_A(0, t) x_i(t) - \sum_{i=1}^{N} r_i x_i(0)$$

下, 式 (3.64) 意味着假设 3.1 成立.

(2) 因为网络拓扑拥有一个生成树, 所以存在一个正定矩阵 P 满足引理 3.1, 选取 Lyapunov 函数, 于是

$$
\begin{aligned}
\frac{\mathrm{d}V}{\mathrm{d}x} &= \dot{z}(t)^{\mathrm{T}}(P \otimes I_n) z(t) + z(t)^{\mathrm{T}}(P \otimes I_n)\dot{z}(t) \\
&= z(t)^{\mathrm{T}}\left((-\mathcal{L} - \mathbf{1}_N r^{\mathrm{T}}) \otimes \Psi(t)\right)^{\mathrm{T}}(P \otimes I_n) z(t) \\
&\quad + z(t)^{\mathrm{T}}(P \otimes I_n)((-\mathcal{L} - \mathbf{1}_N r^{\mathrm{T}}) \otimes \Psi(t)) z(t) \\
&\quad + 2z(t)^{\mathrm{T}}(P \otimes I_n)((-\mathcal{L}) \otimes \Psi(t)) e(t) \\
&= -2e(t)^{\mathrm{T}}(P\mathcal{L} \otimes \Psi(t)^{\frac{1}{2}})(I_n \otimes \Psi(t)^{\frac{1}{2}}) z(t) \\
&\quad - 2z(t)^{\mathrm{T}}(I_n \otimes \Psi(t)) z(t) \\
&\leqslant -z(t)^{\mathrm{T}}(I_n \otimes \Psi(T)) Z(t) + e(t)^{\mathrm{T}}(P\mathcal{L}(P\mathcal{L})^{\mathrm{T}} \otimes \Psi(t)) e(t) \\
&\leqslant -z(t)^{\mathrm{T}}(I_n \otimes \Psi(T)) Z(t) + \rho N c e^{-\alpha t},
\end{aligned}
\tag{3.70}
$$

其中, $\rho = \sigma_{\max}^2(P\mathcal{L})\bar{a}^2\bar{b}^2$. 令 $k_1 = \sigma_{\min}(P)$, $k_2 = \sigma_{\max}(P)$, $\varrho = \rho N c$ 和 $\Omega(t) = I \otimes F(t)$, 得到假设 3.2 成立.

(3) 令 $\varpi_{\Upsilon} = l$, $\varpi_{\Psi} = \bar{a}^2\bar{b}^2$, $\varpi_{\Theta} = \|\mathcal{L}\|\bar{a}^2\bar{b}^2$ 和 $\varpi_{\Omega} = \bar{a}^2\bar{b}^2$, 根据假设 3.4 和假设 3.5 可知, 假设 3.3 成立.

这样, 根据定理 3.5, 即可证得定理 3.6 的结论. $\qquad\Box$

3.3.4 基于事件驱动通信的分布式合作自适应系统辨识

本小节应用定理 3.1 讨论基于事件驱动的 DCA 辨识方法.

考虑一个网络拓扑 [14], 节点描述为 SPM 系统, 即式 (3.22).

辨识模型为

$$\hat{y}_i(t) = \phi_i(t)^{\mathrm{T}}\hat{\theta}_i. \tag{3.71}$$

其中, $\hat{y}_i(t) \in \mathbb{R}^n$ 是辨识模型的输出; $\hat{\theta}_i \in \mathbb{R}^m$ 代表节点 i 中的 θ 的估计. 文献 [72] 提出了一个连续通信的 DCA 辨识方法, 本小节进一步考虑基于事件驱动通信的 DCA 方法 [14]:

$$\hat{\theta}_i(t) = \rho\phi_i(t)(y_i(t) - \hat{y}_i(t)) - \gamma\sum_{j\in\mathcal{N}_i}a_{ij}(\hat{\theta}_i(t_{k_i}^i) - \hat{\theta}_j(t_{k_j}^j)), \tag{3.72}$$

其中, ρ 和 γ 是需要设计正参数; a_{ij} 是邻接矩阵的元素; $t_{k_i}^i$ 是第 i 个智能体的驱动时刻. 驱动函数是

$$H(\hat{\theta}_i(t_{ki})^i, \hat{\theta}_i(t), t) = e_{\theta_i}(t)^{\mathrm{T}}e_{\theta_i}(t) - ce^{-\alpha t}, \tag{3.73}$$

其中, $e_{\theta_i}(t) = \hat{\theta}_i(t_{k_i}^i) - \hat{\theta}_i(t)$; c 和 α 是两个需要设计的正参数.

定义 $\tilde{\theta}_i = \theta - \hat{\theta}_i(t)$. 这时, 联立式 (3.71)~ 式 (3.73), 有

$$\dot{\tilde{\theta}}_i(t) = \rho\phi_i(t)\phi_i(t)^{\mathrm{T}}\tilde{\theta}_i(t) - \gamma\sum_{j\in\mathcal{N}_i}a_{ij}\left(\tilde{\theta}_i(t_{k_i}^i) - \tilde{\theta}_j(t_{k_j}^j)\right). \tag{3.74}$$

定义 $\tilde{\theta} = [\tilde{\theta}_1^{\mathrm{T}}, \cdots, \tilde{\theta}_N^{\mathrm{T}}]^{\mathrm{T}}$ 和 $\Phi(t) = \mathrm{diag}\{\Phi_1(t), \cdots, \Phi_N(t)\}$, 这样, 上面的等式就转化为下面的形式:

$$\dot{\tilde{\theta}} = -[\rho\Phi(t)\Phi(t)^{\mathrm{T}} + \gamma\mathcal{L}\otimes I_n]\tilde{\theta}(t) + (\mathcal{L}\otimes I_n)e_\theta(t), \tag{3.75}$$

其中, $e_\theta(t) = [e_{\theta_1}(t), \cdots, e_{\theta_N}(t)]$.

一致性误差的收敛性将用式 (3.75) 分析.

定理 3.7　考虑 SPM 系统 [式 (3.22)]、辨识模型 [式 (3.71)] 和 DCA 律[式(3.72)]. 如果网络拓扑是无向连通的, $\phi_i(t)$ 是 UPE 的, 且 $\alpha \in [0, \beta]$, 其中,

$$\beta = -\frac{1}{T}\ln(1 - \frac{\varepsilon^2}{(\varepsilon+1)(\varepsilon+2g\hat{g}T^2)}),$$

$$g = \sup\|\rho\Phi(t)\Phi(t)^{\mathrm{T}} + \gamma\mathcal{L}\otimes I_n\|,$$

$$\hat{g} = \sup\|\rho\Phi(t)\Phi(t)^{\mathrm{T}} + \frac{\gamma}{2}\mathcal{L}\otimes I_n\|,$$

有

(1) $\tilde{\theta}_i(t)$ 指数收敛于 0;

(2) 无 Zeno 现象出现.

证明 这个证明过程同样依赖于定理 3.5, 于是本小节仅需要检查假设 3.1~假设 3.3 是否成立.

首先, 检查假设 3.1. 令 $\Upsilon(t) = -I_n$, $\Psi(t) = \rho\Phi(t)\Phi(t)^{\mathrm{T}} + \gamma\mathcal{L}\otimes I_n$, $\Theta(t) = -\mathcal{L}\otimes I_n$, $\psi(t) = I$, $\zeta = -\theta$, 易证假设 3.1 是成立的.

其次, 检查假设 3.2. 由于网络拓扑是无向连通的, Lyapunov 函数选取为 $V = \frac{1}{2}\tilde{\theta}^{\mathrm{T}}\tilde{\theta}$, 这样,

$$
\begin{aligned}
\frac{\mathrm{d}V}{\mathrm{d}t} = & -\tilde{\theta}(t)^{\mathrm{T}}[\rho\Phi(t)\Phi(t)^{\mathrm{T}} + \gamma\mathcal{L}\otimes I_n]\tilde{\theta}(t) + \tilde{\theta}(t)^{\mathrm{T}}(\mathcal{L}\otimes I_n)e_{\theta}(t) \\
\leqslant & -\tilde{\theta}(t)^{\mathrm{T}}[\rho\Phi(t)\Phi(t)^{\mathrm{T}} + \frac{\gamma}{2}\mathcal{L}\otimes I_n]\tilde{\theta}(t) + \frac{1}{2\gamma}e_{\theta}(t)(\mathcal{L}\otimes I_n)e_{\theta}(t) \\
\leqslant & -\tilde{\theta}(t)^{\mathrm{T}}[\rho\Phi(t)\Phi(t)^{\mathrm{T}} + \frac{\gamma}{2}\mathcal{L}\otimes I_n]\tilde{\theta}(t) \\
& + \frac{1}{2\gamma}\sigma_{\min}\{\mathcal{L}\otimes I_n\}\|e_{\theta}(t)\|^2.
\end{aligned}
\tag{3.76}
$$

其中, $\rho = \frac{1}{2\gamma}\sigma_{\min}\mathcal{L}\otimes I_n$. 令 $\Omega(t) = \rho\Phi(t)\Phi(t)^{\mathrm{T}} + \frac{\gamma}{2}\mathcal{L}\otimes I_n$, $k_1 = \frac{1}{2}$, $k_2 = 1$ 和 $\vartheta = \rho$, 则假设 3.2 是成立的.

最后, 检查假设 3.3. 令 $\varpi_{\Upsilon} = 1$, $\varpi_{\Psi} = \sup\|\rho\Phi_i(t)\Phi_i(t)^{\mathrm{T}} + \gamma\mathcal{L}\otimes I_n\|$, $\varpi_{\Omega} = \sup\|\rho\Phi(t)\Phi(t)^{\mathrm{T}} + \frac{\gamma}{2}\mathcal{L}\otimes I_n\|$ 和 $\varpi_{\Theta} = \|\mathcal{L}\otimes I_n\|$. 很明显, 在假设 3.3 中, 全部的时变矩阵都是有界的. 可以证明, $\Omega(t)$ 的 PE 条件也是成立的.

证毕. □

注 3.5 在这一部分中, 为了分析的简便, 本小节仅仅考虑混合拓扑的情况. 事实上, 在时变的网络拓扑中, 本小节提出的事件驱动 DCA 方法也是有效的, 它要求存在一个正常数 T 满足 $\int_t^{t+T}\phi_i(\tau)\phi_i(\tau)^{\mathrm{T}}\mathrm{d}\tau$ 是无向连通的, 这包含共同连通网络拓扑作为它的特殊情况, 更多细节可见文献[14].

3.4 基于事件驱动和 RBF NN 的分布式自适应非线性系统辨识

本节利用 RBF NN 提出一个基于事件驱动的分布式学习律, 应用于辨识非线性动态系统.

3.4.1 问题描述

考虑一组一般的未知非线性动态系统:

$$\dot{x}_i = F(x_i, r_i(t)), \qquad i = 1, \cdots, N, \tag{3.77}$$

其中, $r_i(t) \in \mathbb{R}^m$ 和 $x_i = [x_{i1}, x_{i2}, \cdots, x_{in}]^T \in \mathbb{R}^n$ 分别是输入信号和状态向量; $F(x_i, r_i(t)) = [f_1(x_i, r_i(t)), \cdots, f_n(x_i, r_i(t))]^T$ 是光滑但未知的非线性向量值函数, 代表系统的内在结构, $f_j(x_i, r_i(t)) : \mathbb{R}^{m+n} \to \mathbb{R}(1 \leqslant j \leqslant n)$.

注 3.6 系统 [式 (3.77)] 及其辨识器相当于如图 3.1 所示的通信网络上的节点 (或智能体), 每一个辨识器通过通信网络与其邻居交换信息. 例如, 一组具有相同结构的机器人执行不同的任务时, 会产生不同的系统轨迹. 它们可以利用 RBF NN 合作辨识相同的系统. 显然, 网络中具有不同系统轨迹的节点越多, 辨识器的逼近域就越大.

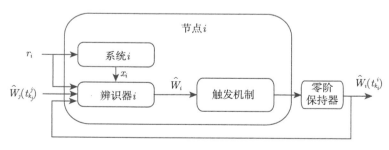

图 3.1 各节点结构

为了进一步分析, 需要以下通用假设.

假设 3.6 假设输入信号 $r_i(t)$ 和系统 [式 (3.77)] 的状态 $x_i(t)$ 一致有界, 即

$\forall t \geq t_0$, $[x_i^{\mathrm{T}}(t), r_i^{\mathrm{T}}(t)]^{\mathrm{T}} \in \Omega_{x_i, r_i} \subset \mathbb{R}^{m+n}$, 其中 Ω_{x_i, r_i} 是一个紧集. 此外, 所有系统的轨迹都是周期或类周期 (重复) 的运动.

记 $\varphi_{\zeta i}(x_{i0})$ 为节点 (或智能体)i 从 x_{i0} 开始的轨迹对 (x_i, r_i), $\varphi_{\zeta} = \varphi_{\zeta 1}(x_{10}) \cup \varphi_{\zeta 2}(x_{20}) \cup \cdots \cup \varphi_{\zeta N}(x_{N0})$ 表示所有轨迹的并, 称作联合轨迹.

对每一个节点 i, 采用基于 NN 的动态辨识模型:

$$\dot{\hat{x}}_i = B_i(\hat{x}_i - x_i) + S(x_i, r_i)^{\mathrm{T}} \hat{W}_i, \tag{3.78}$$

其中, $\hat{x}_i = [\hat{x}_{i1}, \cdots, \hat{x}_{in}]^{\mathrm{T}} \in \mathbb{R}^n$ 是 x_i 的估计; $B_i = \mathrm{diag}\{-b_{i1}, \cdots, -b_{in}\}$ 是以 $b_{ij} > 0 (i = 1, \cdots, N; j = 1, \cdots, n)$ 为设计参数的对角矩阵.

在紧集 Ω_{x_i, r_i} 上, 利用局部 RBF NN, 即

$$S(x_i, r_i)^{\mathrm{T}} \hat{W}_i = [S_1(x_i, r_i)^{\mathrm{T}} \hat{W}_{i1}, \cdots, S_n(x_i, r_i)^{\mathrm{T}} \hat{W}_{in}]$$

来逼近未知非线性函数 $F(x_i, r_i)$, 其中

$$S(x_i, r_i) = \mathrm{diag}\{S_1(x_i, r_i)^{\mathrm{T}}, \cdots, S_n(x_i, r_i)^{\mathrm{T}}\};$$

$$\hat{W}_i = [\hat{W}_{i1}^{\mathrm{T}}, \hat{W}_{i2}^{\mathrm{T}}, \cdots, \hat{W}_{in}^{\mathrm{T}}]^{\mathrm{T}};$$

$$S_j(x_i, r_i) = [s_{j1}(x_i, r_i), \cdots, s_{jl}(x_i, r_i)]^{\mathrm{T}};$$

$$\hat{W}_{ij} = [\hat{w}_{ij,1}, \hat{w}_{ij,2}, \cdots, \hat{w}_{ij,l}]^{\mathrm{T}},$$

其中, l 是隐含层神经元个数.

由式 (3.78) 可以看出, 每一个节点都有它自己的 NN 权向量估计 $\hat{W}_i$. 注意到未知非线性函数 $F(\cdot)$ 是相同的, 因此每个节点可以在线与其邻居共享 NN 权值估计. 文献 [73] 利用连续通信交换 NN 权值估计, 本书将利用事件驱动通信方案来克服连续通信的缺点.

3.4.2 事件驱动通信方案

在事件驱动通信环境中, 每一个节点 i 连续监测它自己的估计 $\hat{W}_i$, 根据 NN 权值误差决定何时将其当前的估计值 $\hat{W}_i$ 发送给其邻居. 节点 i 最新发送的 NN 权值为

$\hat{W}_i(t_{k_i}^i)$, 从邻居节点最新收到的 NN 权值为 $\hat{W}_j(t_{k_j}^j)(j \in \mathcal{N}_i)$, 其中 $t_{k_i}^i, t_{k_j}^j \in [0, \infty)$ 分别表示节点 i 和节点 j 的事件时刻, $k_i, k_j = 0, 1, 2, \cdots$.

简单地, 假定通信网络是理想的[48, 51], 即不考虑丢包和网络延迟.

接下来, 引入驱动策略. 对每一个节点 i, 定义 NN 权值误差变量

$$e_{w_i} = \hat{W}_i(t_{k_i}^i) - \hat{W}_i \in \mathbb{R}^{nl} \tag{3.79}$$

和驱动函数

$$H_i(t, \hat{W}_i(t_{k_i}^i), \hat{W}_i) = \|e_{w_i}\|^2 - (c_0 + c_1 e^{\alpha t}), \tag{3.80}$$

其中, $c_0 > 0, c_1 \geqslant 0$ 和 $\alpha > 0$ 是设计参数. 一旦驱动条件

$$H_i(t, \hat{W}_i(t_{k_i}^i), \hat{W}_i) > 0 \tag{3.81}$$

满足, 节点 i 立即发送其估计值 $\hat{W}_i$. 因此, 节点 i 的事件时刻序列 $0 < t_0^i < t_1^i < t_2^i < \cdots$ 迭代地定义为 $t_{k_i+1}^i = \inf\{t : t > t_{k_i}^i, H_i(t, \hat{W}_i(t_{k_i}^i), \hat{W}_i) > 0\}$, 其中 t_0^i 是驱动条件 [式 (3.81)] 满足时的第一个事件时刻.

为了利用式 (3.78) 来辨识未知动态系统 [式 (3.77)], 需要为每一个节点设计一个合适的 NN 权值更新律. 受一致性理论和事件驱动机制的启发, 提出如下基于 σ-修正的事件驱动分布式合作 NN更新律:

$$\begin{aligned}\dot{\hat{W}}_i = &- \Gamma_i\big[S(x_i, r_i)(\hat{x}_i - x_i) + \sigma_i \hat{W}_i\big] \\ &- \gamma \Gamma_i \sum_{j \in N_i} a_{ij}\left(\hat{W}_i(t_{k_i}^i) - \hat{W}_j(t_{k_j}^j)\right),\end{aligned} \tag{3.82}$$

其中, $\Gamma_i = \Gamma_i^{\mathrm{T}} > 0$ 是设计矩阵; a_{ij} 是 $\mathcal{G}$ 的邻接矩阵 $\mathcal{A}$ 的元素; σ_i 是一个小常数; $\gamma > 0$ 是设计参数. 对于邻接矩阵 $\mathcal{A}$, 元素 $a_{ij} > 0$ 意味着节点 i 和节点 j 可以互相传递它们学习到的 NN 权值; $a_{ij} = 0$ 则意味着节点 i 与节点 j 之间无法通信. $\hat{W}_i(t_{k_i}^i)$ 和 $\hat{W}_j(t_{k_j}^j)$ 分别是节点 i 和节点 j 最新发送的传输权值. $\hat{W}_i(t_{k_i}^i)$ 在 $t_{k_i}^i \leqslant t < t_{k_i+1}^i$ 内保持不变, 最后一项 $-\gamma \Gamma_i \sum_{j \in N_i} a_{ij}\left(\hat{W}_i(t_{k_i}^i) - \hat{W}_j(t_{k_j}^j)\right)$ 用于邻居之间的合作学习, 称作合作学习项.

注 3.7 与文献[11]不同, 式 (3.82) 中的合作学习项只有当节点 i 或其邻居节点的事件驱动条件 [式 (3.81)] 满足时才更新, 而不是连续更新的.

进而, 定义状态估计误差 $\tilde{x}_i = \hat{x}_i - x_i$ 和 NN 权值误差 $\tilde{W}_i = \hat{W}_i - W$. 由式 (3.77)、式 (3.78) 和式 (3.82) 可知, $\tilde{x}_i$ 和 $\tilde{W}_i$ 的导数为

$$\dot{\tilde{x}}_i = B_i \tilde{x}_i + S(x_i, r_i)^{\mathrm{T}} \tilde{W}_i - \varepsilon_i, \tag{3.83}$$

$$\begin{aligned}
\dot{\tilde{W}}_i = &- \Gamma_i \big[S(x_i, r_i)(\hat{x}_i - x_i) + \sigma_i \hat{W}_i \big] \\
&- \gamma \Gamma_i \sum_{j \in N_i} a_{ij} \big((e_{w_i} - e_{w_j}) + (\tilde{W}_i - \tilde{W}_j) \big),
\end{aligned} \tag{3.84}$$

其中, $\varepsilon_i \in \mathbb{R}^n$ 是逼近误差, W 是所有系统的最优 NN 权向量. 如前所述, 内在的未知函数 $F(\cdot)$ 是相同的, 这意味着它们在联合域内对每一个系统具有共同的理想 NN 权值. 从下面的定理 3.8 可以证明, 由于合作项的存在, 所有辨识器的 NN 权值估计均收敛到它们最优值的一个小邻域. 因此, 定义最优 NN 权值 W 为

$$W = \arg \min_{\hat{W}_i \in \mathbb{R}^{nl}} \{ \sup \| F(x_i, r_i) - S(x_i, r_i)^{\mathrm{T}} \hat{W}_i \| \}, \tag{3.85}$$

其中, $[x_i^{\mathrm{T}}, r_i^{\mathrm{T}}]^{\mathrm{T}} \in \Omega_{x,r}$, $\Omega_{x,r} = \Omega_{x_1, r_1} \cup \Omega_{x_2, r_2} \cup \cdots \cup \Omega_{x_N, r_N}$ 是联合轨迹.

定理 3.8 表明, 利用事件驱动条件式 (3.81), 未知函数 $F(\cdot)$ 可以沿着周期或类周期 (循环) 轨迹被逼近. 下面给出本章的主要结论.

3.4.3 性能分析

为了便于描述本节主要结论, 提出了如下四种与文献 [12] 和 [13] 类似的符号:

(1) $\overline{W}_i = \mathrm{mean}_{t \in [t_1, t_2]} \hat{W}_i$, $[t_1, t_2](t_2 > t_1 > T)$ 表示一定的训练时间 (瞬态过程) 之后的均值;

(2) $(\cdot)_{i_\zeta}$ 和 $(\cdot)_{i_{\bar{\zeta}}}$ 分别表示 $(\cdot)_i$ 靠近和远离联合轨迹 φ_ζ 的部分;

(3) $(\cdot)_\zeta$ 和 $(\cdot)_{\bar{\zeta}}$ 分别表示 $(\cdot)$ 靠近和远离联合轨迹 φ_ζ 的部分;

(4) $(\cdot)_{\zeta_i}$ 和 $(\cdot)_{i_{\zeta_i}}$ 分别表示 $(\cdot)$ 和 $(\cdot)_i$ 靠近轨迹 φ_{ζ_i} 的部分.

定理 3.8 假设通信拓扑是无向、连通的. 考虑一组由式 (3.77)、式 (3.78)、式 (3.81) 和式 (3.82) 组成的自适应系统. 当初始值 $\hat{W}_i = 0 (i = 1, \cdots, N)$ 时, 对于从初始条件 $x_{i0} = x_i(0) \in \Omega_{x_i, r_i}$ 出发的几乎任意的轨迹 $\varphi_{\zeta i}(x_{i0})$, 有

(1) 自适应系统中的所有信号有界;

(2) 沿着联合轨迹 φ_ζ, 权值估计误差 $\tilde{W}_{i\zeta}$ 和状态估计误差 $\tilde{x}_i$ 指数收敛于原点附近的小邻域; 函数 $F(\cdot)$ 沿着联合轨迹 φ_ζ 的 N 个局部逼近可由 $S(\varphi_{\zeta i}, r_i)\overline{W}_i(i = 1, \cdots, N)$ 获得, 其期望的误差限为 ε;

(3) 相邻事件间隔具有非零下界, 即可以排除 Zeno 现象.

证明　利用 Lyapunov 方法证明所有信号的有界性, 进而证明 $\tilde{x}_i$ 和 $\tilde{W}_{i\zeta}$ 的指数收敛性. 完整的证明过程如下:

(1) 对于通信拓扑中的所有节点, 考虑如下 Lyapunov 函数:

$$V(t) = \sum_{i=1}^{N} \frac{1}{2}\tilde{x}_i^{\mathrm{T}}\tilde{x}_i + \sum_{i=1}^{N} \frac{1}{2}\tilde{W}_i^{\mathrm{T}}\varGamma_i^{-1}\tilde{W}_i. \tag{3.86}$$

$V(t)$ 的导数是

$$\dot{V}(t) = \sum_{i=1}^{N} \tilde{x}_i^{\mathrm{T}}\dot{\tilde{x}}_i + \sum_{i=1}^{N} \tilde{W}_i^{\mathrm{T}}\varGamma_i^{-1}\dot{\tilde{W}}_i. \tag{3.87}$$

将式 (3.83) 和式 (3.84) 代入式 (3.87), 可将 $\dot{V}(t)$ 表示为

$$\begin{aligned}
\dot{V}(t) &= \sum_{i=1}^{N} \tilde{x}_i^{\mathrm{T}}B_i\tilde{x}_i - \sum_{i=1}^{N}(\tilde{x}_i^{\mathrm{T}}\varepsilon_i + \sigma_i\tilde{W}_i^{\mathrm{T}}\hat{W}_i) \\
&\quad - \gamma\tilde{W}^{\mathrm{T}}(\mathcal{L}\otimes I_{nl})e_w - \gamma\tilde{W}^{\mathrm{T}}(\mathcal{L}\otimes I_{nl})\tilde{W} \\
&\leqslant \sum_{i=1}^{N} \tilde{x}_i^{\mathrm{T}}B_i\tilde{x}_i - \sum_{i=1}^{N}(\tilde{x}_i^{\mathrm{T}}\varepsilon_i + \sigma_i\tilde{W}_i^{\mathrm{T}}\hat{W}_i) \\
&\quad - \gamma\tilde{W}^{\mathrm{T}}(\mathcal{L}\otimes I_{nl})e_w,
\end{aligned} \tag{3.88}$$

其中, $\tilde{W} = [\tilde{W}_1^{\mathrm{T}}, \cdots, \tilde{W}_N^{\mathrm{T}}]^{\mathrm{T}}$; $e_w = [e_{w_1}^{\mathrm{T}}, \cdots, e_{w_N}^{\mathrm{T}}]^{\mathrm{T}}$.

由于下列不等式成立:

$$-\sum_{i=1}^{N} \tilde{x}_i^{\mathrm{T}}\varepsilon_i \leqslant \frac{b}{2}\sum_{i=1}^{N} \tilde{x}_i^{\mathrm{T}}\tilde{x}_i + \frac{1}{2b}\sum_{i=1}^{N}\|\varepsilon\|^2, \tag{3.89}$$

$$\tilde{x}_i^{\mathrm{T}}B_i\tilde{x}_i \leqslant -b\tilde{x}_i^{\mathrm{T}}\tilde{x}_i, \tag{3.90}$$

$$-\sum_{i=1}^{N} \sigma_i \tilde{W}_i^{\mathrm{T}} \hat{W}_i \leqslant -\frac{\sigma}{2} \sum_{i=1}^{N} \tilde{W}_i^{\mathrm{T}} \tilde{W}_i + \sum_{i=1}^{N} \frac{\sigma_i}{2} \|W\|^2, \tag{3.91}$$

$$-\gamma \tilde{W}^{\mathrm{T}} (\mathcal{L} \otimes I_{nl}) e_w \leqslant \frac{\sigma}{4} \tilde{W}^{\mathrm{T}} \tilde{W} + \frac{\gamma^2}{\sigma} e_w^{\mathrm{T}} (\mathcal{L} \otimes I_{nl})^{\mathrm{T}} (\mathcal{L} \otimes I_{nl}) e_w, \tag{3.92}$$

将式 (3.90)~ 式 (3.92) 代入式 (3.89), 可得

$$\begin{aligned}
\dot{V}(t) &\leqslant -\rho V(t) + \varrho + \frac{\gamma^2}{\sigma} e_w^{\mathrm{T}} (\mathcal{L} \otimes I)^{\mathrm{T}} (\mathcal{L} \otimes I) e_w \\
&\leqslant -\rho V(t) + \varrho + \frac{\gamma^2 \lambda_{\max(\mathcal{L})}^2}{\sigma} \|e_w\|^2,
\end{aligned} \tag{3.93}$$

其中, $\rho = \min(b, \sigma/2)$; $\varrho = (1/2b) \sum_{i=1}^{N} \|\varepsilon\|^2 + \sum_{i=1}^{N} \frac{\sigma_i}{2} \|W\|^2$; $b = \min(b_{11}, b_{12}, \cdots, b_{Nl})$; $\sigma = \min(\sigma_1, \sigma_2, \cdots, \sigma_N)$. 由于驱动条件 $\|e_{w_i}\|^2 < (c_0 + c_1 \mathrm{e}^{\alpha t})$ 强制执行, 因此有

$$\dot{V} \leqslant -\rho V(t) + \delta + \mu, \tag{3.94}$$

其中, $\delta = \varrho + \dfrac{\gamma^2 N \lambda_{\max(\mathcal{L})}^2}{\sigma} c_0$; $\mu = \dfrac{\gamma^2 N \lambda_{\max(\mathcal{L})}^2}{\sigma} c_1$. 式 (3.86) 满足

$$V(t) \leqslant V(0) \mathrm{e}^{-\rho t} + \frac{\delta + \mu}{\rho}. \tag{3.95}$$

从上面的讨论可以看出, $V(t)$ 是有界的. 因此, $\tilde{W}_i$ 和 $\tilde{x}_i$ 是一致有界的. 由 $\tilde{x}_i$ 和 $\tilde{W}_i$ 的有界性可知, $\hat{x}_i$ 和 $\hat{W}_i$ 也是一致有界的. 因此, 自适应系统的所有信号都是有界的.

(2) 根据 RBF NN 的局部特性, 与文献 [13] 类似, 沿着联合轨迹 φ_ζ, 式 (3.83) 和式 (3.84) 可表示为

$$\dot{\tilde{x}}_i = B_i \tilde{x}_i + S_\zeta(x_i, r_i)^{\mathrm{T}} \tilde{W}_{i\zeta} - \varepsilon_{i\zeta}^{'} \tag{3.96}$$

和

$$\begin{aligned}
\dot{\tilde{W}}_{i\zeta} = &- \Gamma_{i\zeta} \left[S_\zeta(x_i, r_i) \tilde{x}_i + \sigma_i \hat{W}_{i\zeta} \right] \\
&- \gamma \Gamma_{i\zeta} \sum_{j \in \mathcal{N}_i} a_{ij} \Big((e_{w_{i\zeta}} - e_{w_{j\zeta}}) + (\tilde{W}_{i\zeta} - \tilde{W}_{j\zeta}) \Big),
\end{aligned} \tag{3.97}$$

其中, $\varepsilon'_{i_\zeta} = \varepsilon_{i_\zeta} + S_{\bar{\zeta}}(x_i, r_i)^T \hat{W}_{i_{\bar{\zeta}}} = O(\varepsilon_{i_\zeta})$ 是沿节点 i 的 $\varphi_{\zeta i}(x_{i0})$ 的近似误差. 需要注意的是, 回归子向量 $S_\zeta(x_i, r_i)$ 可能不满足沿着轨迹 $\varphi_{\zeta i}(x_{i0})$ 的 PE 条件. 注意到

$$
\begin{bmatrix} \gamma \Gamma_{1_\zeta} \sum_{j \in \mathcal{N}_1} a_{1j}(e_{w_{1_\zeta}} - e_{w_{j_\zeta}}) \\ \vdots \\ \gamma \Gamma_{N_\zeta} \sum_{j \in \mathcal{N}_N} a_{Nj}(e_{w_{N_\zeta}} - e_{w_{j_\zeta}}) \end{bmatrix} = \gamma \Gamma_\zeta (\mathcal{L} \otimes I_{l_\zeta}) e_{w_\zeta}
$$

和

$$
\begin{bmatrix} \gamma \Gamma_{1_\zeta} \sum_{j \in \mathcal{N}_1} a_{1j}(\tilde{W}_{1_\zeta} - \tilde{W}_{j_\zeta}) \\ \vdots \\ \gamma \Gamma_{N_\zeta} \sum_{j \in \mathcal{N}_N} a_{Nj}(\tilde{W}_{N_\zeta} - \tilde{W}_{j_\zeta}) \end{bmatrix} = \gamma \Gamma_\zeta (\mathcal{L} \otimes I_{l_\zeta}) \tilde{W}_\zeta,
$$

令 $\Gamma_\zeta = \mathrm{diag}\{\Gamma_{1_\zeta}, \cdots, \Gamma_{N_\zeta}\}$, $e_{w_\zeta} = [e_{w_{1_\zeta}}^T, \cdots, e_{w_{N_\zeta}}^T]^T$, $\tilde{W}_\zeta = [\tilde{W}_{1_\zeta}^T, \cdots, \tilde{W}_{N_\zeta}^T]$. 用下面的形式改写式 (3.96) 和式 (3.97):

$$
\begin{bmatrix} \dot{\tilde{x}} \\ \dot{\tilde{W}}_\zeta \end{bmatrix} = \begin{bmatrix} B & \Phi_\zeta^T(\tilde{x}) \\ -\Gamma_\zeta \Phi_\zeta(\tilde{x}) & -\gamma \Gamma_\zeta(\mathcal{L} \otimes I_{l_\zeta}) \end{bmatrix} \begin{bmatrix} \tilde{x} \\ \tilde{W}_\zeta \end{bmatrix}
$$
$$
+ \begin{bmatrix} -\varepsilon'_\zeta \\ -\Gamma_\zeta \Lambda_\zeta \hat{W}_\zeta - \gamma \Gamma_\zeta(\mathcal{L} \otimes I_{l_\zeta}) e_{w_\zeta} \end{bmatrix}, \tag{3.98}
$$

其中, $\tilde{x} = [\tilde{x}_1^T, \cdots, \tilde{x}_N^T]^T$; $B = \mathrm{diag}\{B_1, \cdots, B_N\}$; $\varepsilon'_\zeta = [\varepsilon'^T_{1_\zeta}, \cdots, \varepsilon'^T_{N_\zeta}]^T$, $\Phi_\zeta(\tilde{x}) = \mathrm{diag}\{S_\zeta(x_1, r_1), \cdots, S_\zeta(x_N, r_N)\}$; $\hat{W}_\zeta = [\hat{W}_{1_\zeta}^T, \cdots, \hat{W}_{N_\zeta}^T]^T$, $\Lambda_\zeta = \mathrm{diag}\{\sigma_1 I_{l_\zeta}, \cdots, \sigma_N I_{l_\zeta}\}$. 在式 (3.96) 中, ε'_ζ 非常小. 由驱动条件 [式 (3.81)] 可知, 若令 c_0 非常小, 且在有限时间 T (由 c_1 和 α 确定) 后, $\gamma \Gamma_\zeta(\mathcal{L} \otimes I_{l_\zeta}) e_{w_\zeta}$ 将变得非常小. 由 (1) 可知 $\hat{W}_i$ 有界, 因此通过选择足够小的 σ_i 可以使 $\Gamma_\zeta \Lambda \hat{W}_\zeta$ 任意变小.

式 (3.96) 的假设部分是 ULES, 由下式给出:

$$
\int_t^{t+T_0} \left[\Phi_\zeta(\tilde{x}) \Phi_\zeta^T(\tilde{x}) + \gamma \Gamma_\zeta(\mathcal{L} \otimes I_{l_\zeta}) \right] \mathrm{d}\tau \geqslant \alpha I_{l_\zeta},
$$

其中, α 是一个正常数. 由引理 2.14 可知, $\tilde{x}_i$ 和 $\tilde{W}_{i_\zeta}$ 都以指数形式收敛到零的小邻域.

从上面的讨论可以看出, 沿着联合轨迹 φ_ζ, $\hat{W}_{i_\zeta}(i = 1, \cdots, N)$ 收敛到一个共同最优值的小邻域, 这意味着

$$
\begin{aligned}
F(\varphi_\zeta, r) &= S_\zeta(\varphi_\zeta, r)^{\mathrm{T}} \hat{W}_{i_\zeta} - S_\zeta(\varphi_\zeta, r)^{\mathrm{T}} \tilde{W}_{i_\zeta} + \varepsilon_{i_\zeta} \\
&= S_\zeta(\varphi_\zeta, r)^{\mathrm{T}} \hat{W}_{i_\zeta} + \varepsilon_{i_{1_\zeta}},
\end{aligned} \tag{3.99}
$$

其中, $\varepsilon_{i_{1_\zeta}} = \varepsilon_{i_\zeta} - S_\zeta(\varphi_\zeta, r)^{\mathrm{T}} \tilde{W}_{i_\zeta}$ 很小, 用来表示近似误差. 由式 (3.84), 有

$$
\dot{\hat{W}}_{\bar\zeta} = -L\hat{W}_{\bar\zeta} + \omega, \tag{3.100}
$$

其中, $L = \gamma(\mathcal{L} \otimes I_{l_\zeta}) + \Gamma_{\bar\zeta} \Lambda_{\bar\zeta}$ 是正定矩阵, $\Lambda_{\bar\zeta} = \mathrm{diag}\{\sigma_1 I_{l_\zeta}, \cdots, \sigma_N I_{l_\zeta}\}$; $\omega = \Gamma_{\bar\zeta} \Phi_{\bar\zeta}(\tilde{x}) - \gamma(\mathcal{L} \otimes I_{l_\zeta})e_{w_\zeta}, \Gamma_{\bar\zeta} = \mathrm{diag}\{\Gamma_{1_\zeta}, \cdots, \Gamma_{N_\zeta}\}, e_{w_\zeta} = [e_{w_{1_\zeta}}^T, \cdots, e_{w_{N_\zeta}}^T]^T, \Phi_{\bar\zeta}(\tilde{x}) = \mathrm{diag}\{S_{\bar\zeta}(x_1, r_1), \cdots, S_{\bar\zeta}(x_N, r_N)\}$.

基于 RBF NN 的局部特性, $\Gamma_{\bar\zeta} \Phi_{\bar\zeta}(\tilde{x})$ 由于远离轨迹 φ_ζ 的中心而非常小. 注意到 $\hat{W}_{\bar\zeta}(0) = 0$, 而 $\gamma_{\bar\zeta}(\mathcal{L} \otimes I_{l_\zeta})e_{w_\zeta}$ 项也很小, 这意味着 ω 将变得非常小. 考虑引理 2.15, ω 将使 NN 权值 $\hat{W}_{\bar\zeta}$ 稍微更新. 这意味着沿着轨迹 φ_ζ, $S_{\bar\zeta}(x_i, r_i)\hat{W}_{i_\zeta}$ 将会非常小.

沿着轨迹 φ_ζ, 未知的非线性函数 $F(\cdot)$ 可以表示为

$$
\begin{aligned}
F(\varphi_\zeta, r) &= S_\zeta(\varphi_\zeta, r)^{\mathrm{T}} \hat{W}_{i_\zeta} + S_{\bar\zeta}(\varphi_\zeta, r)\hat{W}_{i_{\bar\zeta}} - S_{\bar\zeta}(\varphi_\zeta, r)\hat{W}_{i_{\bar\zeta}} + \varepsilon_{i_{1_\zeta}} \\
&= S(\varphi_\zeta, r)^{\mathrm{T}} \overline{W}_i + \varepsilon_{i_{2_\zeta}},
\end{aligned} \tag{3.101}
$$

其中, $\varepsilon_{i_{2_\zeta}} = \varepsilon_{i_{1_\zeta}} - S_{\bar\zeta}(\varphi_\zeta, r)\hat{W}_{i_{\bar\zeta}} = O(\varepsilon_{i_{1_\zeta}}) = O(\varepsilon_{i_\zeta})$ 非常小, 式 (3.99) 意味着可以通过沿着轨迹 φ_ζ 利用 $S(\varphi_{\zeta i}, r_i)^{\mathrm{T}} \overline{W}_j(i, j = 1, \cdots, N)$ 来辨识系统函数 $F(\cdot)$.

(3) 为了排除 Zeno 现象, 需要证明两个事件之间存在最小的时间间隔. 假设节点 i 在时间 $t_{k_i}^i \geqslant 0$ 被驱动, 则有 $e_{w_i}(t_{k_i}^i) = 0$. 两个事件之间的 e_{w_i} 的导数是 $\dot{e}_{w_i} = \dot{\hat{W}}_i = \Theta$, 其中 $\Theta = -\Gamma_i\big[S(x_i, r_i)(\hat{x}_i - x_i) + \sigma_i \hat{W}_i\big] - \gamma\Gamma_i \sum\limits_{j \in N_i} a_{ij}(\hat{W}_i(t_{k_i}^i) - \hat{W}_j(t_{k_j}^j))$. 因此,

$$
\|e_{w_i}\| \leqslant \int_{t_{k_i}^i}^{t} \|\Theta\|\mathrm{d}s \tag{3.102}
$$

在 $t_{k_i}^i$ 和 $t_{k_i+1}^i$ 之间. 接下来证明 $\|\Theta\|$ 有一个正常数 $\bar{\Theta}$ 上界. 由 (1) 可知所有信号保持有界. 因此, 假设 $\|\hat{x}_i - x_i\| \leqslant \phi_x$, $\|\hat{W}_i\| \leqslant \phi_w$ ($i = 1, \cdots, N$), 则有下式成立:

$$\|\Theta\| \leqslant \|\Gamma_i\| \big[\|S(x_i, r_i)(\hat{x}_i - x_i)\| + \|\sigma_i \hat{W}_i\|$$
$$+ \|\gamma \sum_{j \in \mathcal{N}_i} a_{ij}(\hat{W}_i(t_{k_i}^i) - \hat{W}_j(t_{k_j}^j))\| \big]$$
$$\leqslant \|\Gamma_i\| \Big[nlS(0,0)\phi_x + \sigma_i \phi_w + 2\gamma|\mathcal{N}_i|\phi_w \Big]$$
$$= \bar{\Theta}. \tag{3.103}$$

结合式 (3.103), 可以得出 $\|e_{w_i}\| \leqslant \bar{\Theta}(t - t_{k_i}^i)$ ($t \in [t_{k_i}^i, t_{k_i+1}^i]$). 从式 (3.81) 开始, 下一个事件不会发生在 $\|e_{w_i}\| = \sqrt{c_0}$ 之前. 因此, 时间间隔的下限由 $\tau = \sqrt{c_0}/\bar{\Theta}$ 给出, 所有这些系统都不会发生 Zeno 现象.

证毕.　　　　　　　　　　　　　　　　　　　　　　　　　　　　　　　　□

注 3.8　定理 3.1(3) 表明, 即使 $c_1 = 0$, 对于 $c_0 > 0$ 也存在事件间隔的正下界. 然而, 根据定理 3.1(2), 需要设计足够小的 c_0 以保证 $\hat{W}_i$ 收敛到一个共同最优值的小邻域. 因此, 如果 $c_1 = 0$, 则更多的事件将在 $\hat{W}_i$ 收敛到公共最优值的小邻域之前被驱动. 如果 $c_1 > 0$, 则 $c_1 e^{\alpha t}$ 可以在 $\hat{W}_i$ 收敛到最优值的小邻域之前降低事件的密度. 另外, α 也决定事件的收敛速度和密度. 也就是说, α 越大, 学习的速度越快, 同时也会驱动更多的事件.

3.5　数 值 仿 真

首先给出两个例子说明基于一致性方法的 DCA 方案的有效性.

例 3.1　考虑如下形式的六个结构相同的质量块–弹簧–缓冲器 (mass-block spring buffer, MSB) 系统:

$$M\ddot{x}_i = u_i - kx_i - f\dot{x}_i, \quad i = 1, 2, 3, 4, 5, 6,$$

其中, k 是弹簧刚度常数; f 是黏性摩擦系数或阻尼系数; M 是系统的质量; u_i 是压力输入; x_i 是质量块 M 的位移.

上述系统可以由下面的 SPM[61] 来描述:

$$y_i = \phi_i(t, x_i)^{\mathrm{T}} \theta, \quad i = 1, 2, 3, 4, 5, 6, \tag{3.104}$$

其中, $\phi_i(t, x_i)^{\mathrm{T}} = \left[\dfrac{1}{\Lambda(s)} u_i, -\dfrac{s}{\Lambda(s)} x_i, -\dfrac{1}{\Lambda(s)} x_i \right]^{\mathrm{T}}$; $\theta = \left[\dfrac{1}{M}, \dfrac{f}{M}, \dfrac{k}{M} \right]^{\mathrm{T}}$ 是待辨识的未知参数向量; $\dfrac{1}{\Lambda(s)}$ 是给定的稳定滤波器, $\Lambda(s) = (s + \lambda)^2, \lambda > 0$.

在仿真中, 令 $M = 2, f = 2, k = 4, \lambda = 1$, 则 θ 的真值为 $[1/2, 1, 2]^{\mathrm{T}}$, 六组输入分别取为 $u_1 = \sin(t), u_2 = 2\cos(0.5t), u_3 = 3\sin(2t), u_4 = 3\cos(2t), u_5 = \sin(t) + 0.5\cos(t), u_6 = 2\sin(3t) + \cos(0.4t)$, 参数估计值初始化为 $\hat{\theta}_1(0) = -1.5[1, 1, 1]^{\mathrm{T}}$, $\hat{\theta}_2(0) = -1[1, 1, 1]^{\mathrm{T}}, \hat{\theta}_3(0) = -0.5[1, 1, 1]^{\mathrm{T}}, \hat{\theta}_4(0) = 0[1, 1, 1]^{\mathrm{T}}, \hat{\theta}_5(0) = 0.5[1, 1, 1]^{\mathrm{T}}$, $\hat{\theta}_6(0) = 1[1, 1, 1]^{\mathrm{T}}$, 其他初始条件为零.

首先, 令式 (3.24) 中的 $a_{i,j}(t) = 0$, 得到传统的分散自适应律. 当自适应增益 $\rho = 30$ 时, 仿真结果如图 3.2 所示. 从图中可以看出, 每个 $\hat{\theta}_i(t)$ 都不能收敛到它的真值, 这是由于每个 $\phi_i(t)$ 都不满足传统意义下的 PE 条件. 但是, 很容易验证定理 3.3

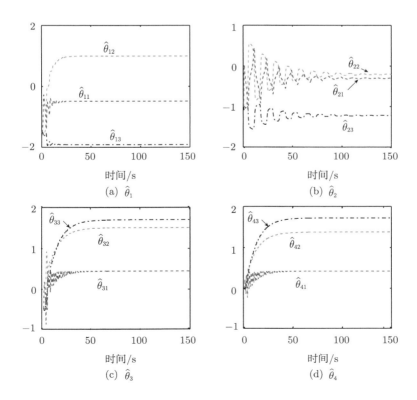

(a) $\hat{\theta}_1$

(b) $\hat{\theta}_2$

(c) $\hat{\theta}_3$

(d) $\hat{\theta}_4$

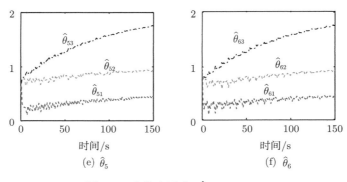

图 3.2　分散自适应: $\hat{\theta}_i$, $1 \leqslant i \leqslant 6$

中的条件成立. 因此, 针对图 3.3 给出的固定连接拓扑图, 采用 DCA 律 [式 (3.24)], 当 $\rho = \gamma = 30$ 时的仿真结果如图 3.4 所示, 从图中可以看出, 每个 $\hat{\theta}_i(t)$ 确实可以收敛到其真值.

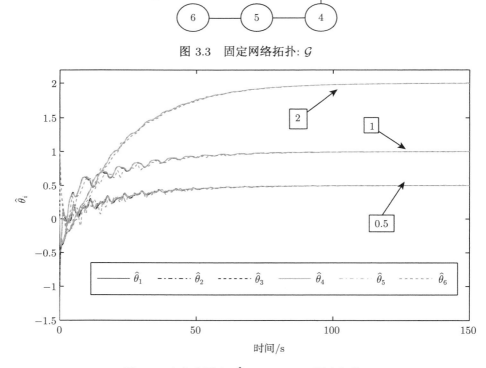

图 3.3　固定网络拓扑: $\mathcal{G}$

图 3.4　合作自适应: $\hat{\theta}_i$, $1 \leqslant i \leqslant 6$ (固定拓扑)

例 3.2 考虑以下 DPM 描述的三个系统:

$$\dot{y}_i = \phi_i(t, y_i)^{\mathrm{T}}\theta, \quad i = 1, 2, 3, \tag{3.105}$$

其中, $\phi_1(t, y_i)^{\mathrm{T}} = [\sin t, y_i \mathrm{e}^{-t}, y_i \mathrm{e}^{-2t}]$; $\phi_2(t, y_i)^{\mathrm{T}} = [y_i \mathrm{e}^{-3t}, \cos t, y_i \mathrm{e}^{-4t}]$; $\phi_3(t, y_i)^{\mathrm{T}} = \left[y_i \mathrm{e}^{-2.5t}, y_i \mathrm{e}^{-1.5t}, \dfrac{t}{t+1}\right]$; $\theta = [3.12, -2.45, 0.67]^{\mathrm{T}}$. 为了说明时变拓扑下合作自适应方案的有效性, 假设网络拓扑周期性地在如图 3.5 所示的两个非连通拓扑 $\mathcal{G}_1$ 和 $\mathcal{G}_2$ 之间以周期 π 进行切换, 相应的邻接矩阵由下式给出:

$$\mathcal{A}_1(t) = \begin{bmatrix} 0 & |\sin(t)| & 0 \\ |\sin(t)| & 0 & 0 \\ 0 & 0 & 0 \end{bmatrix},$$

$$\mathcal{A}_2(t) = \begin{bmatrix} 0 & 0 & 0 \\ 0 & 0 & |\cos(t)| \\ 0 & |\cos(t)| & 0 \end{bmatrix}.$$

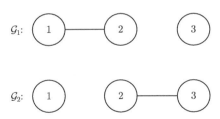

图 3.5 切换网络拓扑: $\mathcal{G}_1$, $\mathcal{G}_2$

仿真中, 所有初始条件都设置为零. 首先, 仍然采用传统的分散自适应律, 令式 (3.31) 中 $a_{i,j}(t) = 0$. 当 $a_i = -1, \rho = 1$ 时的仿真结果如图 3.6 所示, 显然被估计参数仍然不能收敛到它们的真值.

其次, 利用 DCA 律 [式 (3.31)]. 当 $a_i = -1, \rho = \gamma = 1$ 时, 仿真结果如图 3.7 所示, 从中可以看出所有 $\hat{\theta}_i(t)$ 收敛到其真值, 符合定理 3.4 的结论.

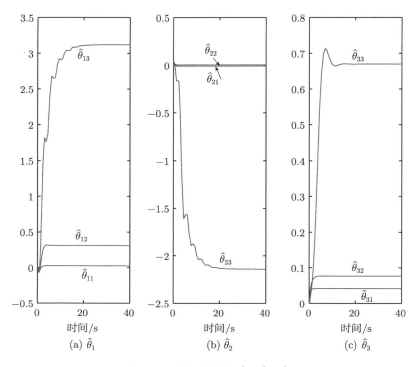

图 3.6 分散自适应: $\hat{\theta}_1$, $\hat{\theta}_2$, $\hat{\theta}_3$

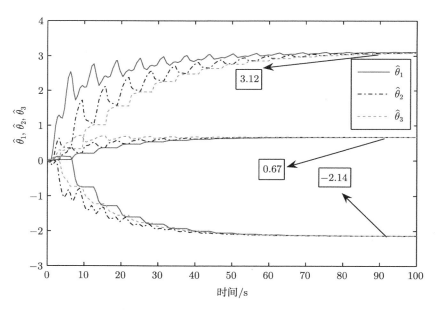

图 3.7 合作自适应: $\hat{\theta}_1$, $\hat{\theta}_2$, $\hat{\theta}_3$ (切换拓扑)

下面接着给出两个例子说明基于一致性方法和事件驱动的 DCA 方案的有效性.

例 3.3 考虑系统模型 [式 (3.60)], 令 $i = 1, 2, 3, 4$, 其中,

$$A(t) = \begin{bmatrix} 0 & 1 \\ -1 & 0 \end{bmatrix}, \tag{3.106}$$

$$B(t) = \begin{bmatrix} \cos(t) \\ \sin(t) \end{bmatrix}. \tag{3.107}$$

易知, $A(t)$ 的状态转移矩阵为

$$\Phi(0, t) = \begin{bmatrix} \cos(t) & -\sin(t) \\ \sin(t) & \cos(t) \end{bmatrix}, \tag{3.108}$$

且 $\bar{a} = 1, \bar{b} = 1, T = 2\pi, \varepsilon = 1.2.$ 该系统的网络拓扑如图 3.8 所示.

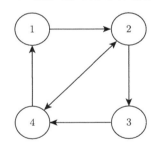

图 3.8　网络拓扑

在仿真实例中应用一致性控制律, 参数选择为 $c = 1, \alpha = 0.5 \in (0, 0.68)$, 初始状态选取为 $x_1 = [1, 1.4], x_2 = [0, 0], x_3 = [-0.5, -1.2], x_4 = [-1, -0.5].$

仿真结果如图 3.9~ 图 3.12 所示. 图 3.9 表明 4 个子系统的状态最终达到一致, 图 3.10 显示了该系统的控制输入是分段连续的, 图 3.11 表示该系统的事件驱动函数. 从图 3.12 中可以看出, 该系统事件间隔时间有一个下界, 即不存在 Zeno 现象.

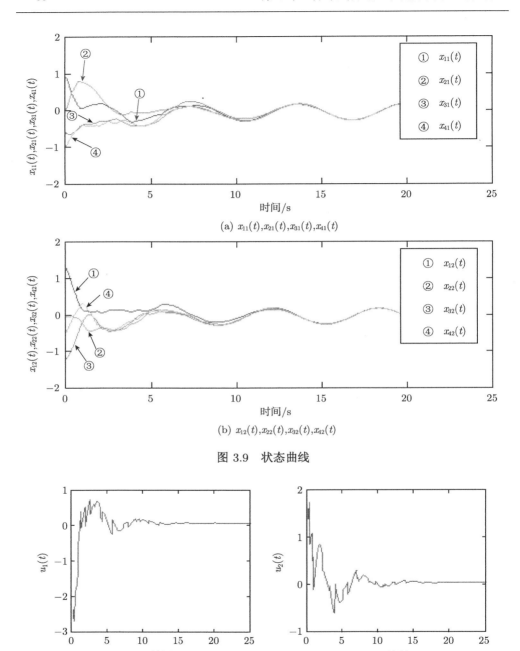

(a) $x_{11}(t), x_{21}(t), x_{31}(t), x_{41}(t)$

(b) $x_{12}(t), x_{22}(t), x_{32}(t), x_{42}(t)$

图 3.9　状态曲线

(a) $u_1(t)$　　　　　　　　　　　　　　(b) $u_2(t)$

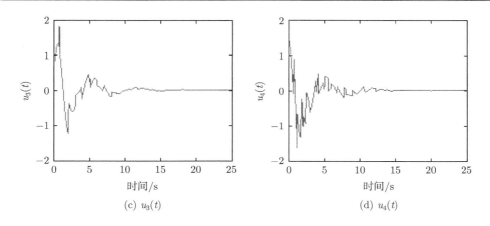

(c) $u_3(t)$ (d) $u_4(t)$

图 3.10 控制输入 $u_i(t), i = 1, 2, 3, 4$

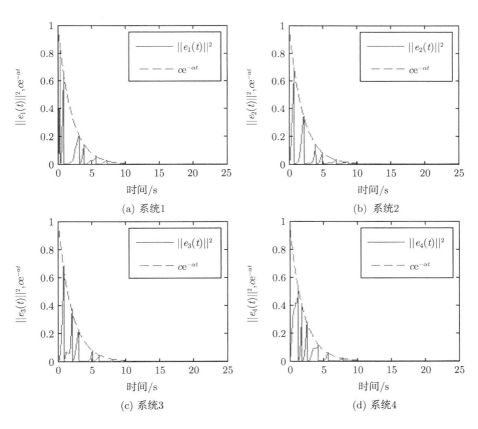

(a) 系统1   (b) 系统2

(c) 系统3   (d) 系统4

图 3.11 误差 $\|e_1(t)\|^2, \|e_2(t)\|^2, \|e_3(t)\|^2, \|e_4(t)\|^2$ 和阈值 $ce^{-\alpha t}$

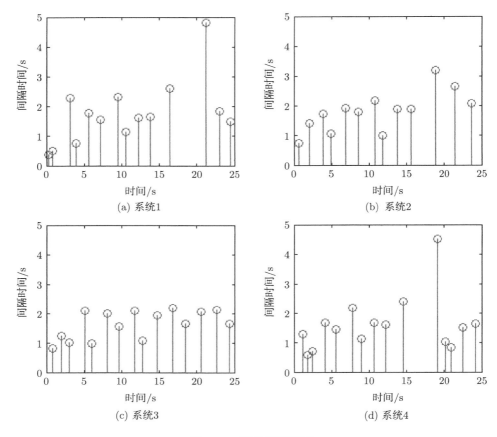

图 3.12 事件间隔时间

例 3.4 仍然考虑例 3.1 所给的 6 个具有相同结构的 MSD 系统, 仿真参数同例 3.1.

仿真结果如图 3.13~ 图 3.15 所示. 图 3.13 表明, 参数的估计收敛于它们的真值. 事件驱动函数如图 3.14 所示, 从图中可以看出事件间隔时间大于某一个正常数. 图 3.15 表明不存在 Zeno 现象. 仿真结果符合定理结论.

最后给出一个例子展示利用 RBF NN 和基于事件驱动通信的 DCA 方案来辨识一组未知非线性多智能体系统.

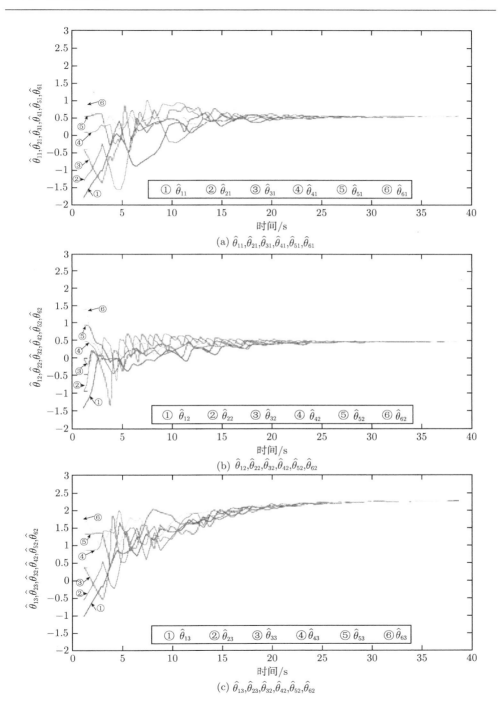

(a) $\hat{\theta}_{11}, \hat{\theta}_{21}, \hat{\theta}_{31}, \hat{\theta}_{41}, \hat{\theta}_{51}, \hat{\theta}_{61}$

(b) $\hat{\theta}_{12}, \hat{\theta}_{22}, \hat{\theta}_{32}, \hat{\theta}_{42}, \hat{\theta}_{52}, \hat{\theta}_{62}$

(c) $\hat{\theta}_{13}, \hat{\theta}_{23}, \hat{\theta}_{32}, \hat{\theta}_{42}, \hat{\theta}_{52}, \hat{\theta}_{62}$

图 3.13　未知参数的估计

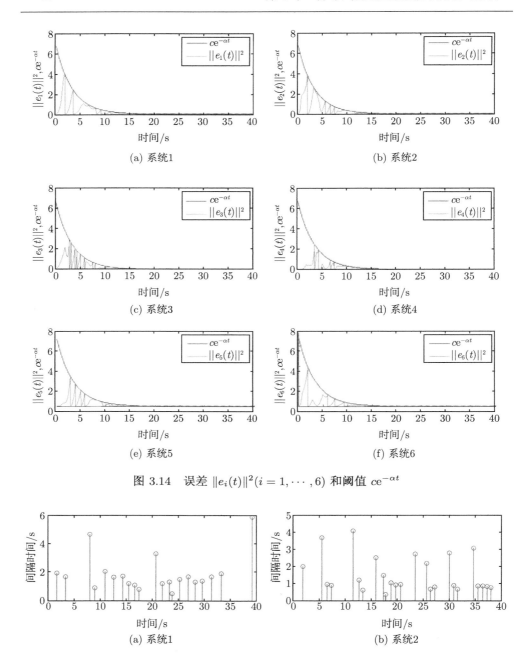

图 3.14　误差 $\|e_i(t)\|^2 (i = 1, \cdots, 6)$ 和阈值 $ce^{-\alpha t}$

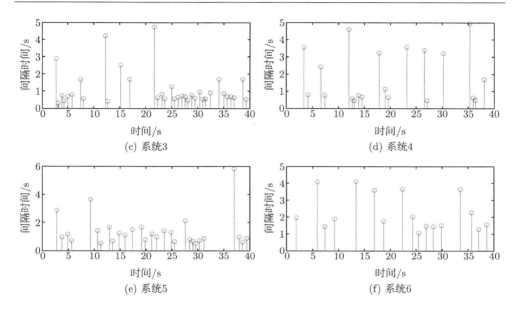

图 3.15 事件间隔时间

例 3.5 考虑以下三个具有如图 3.16 所示的通信拓扑结构图$\mathcal{G}$的二阶系统[11]:

$$\begin{cases} \dot{x}_{i1} = x_{i1} x_{i2} \exp(-x_{i1}^2 - x_{i2}^2) - (x_{i1} - r_i(t)), \\ \dot{x}_{i2} = \dfrac{x_{i1} + x_{i2}}{x_{i1}^2 + x_{i2}^2} - (x_{i2} - r_i(t)), \quad i = 1,2,3, \end{cases} \tag{3.109}$$

其中, $r_i(t)$ 是输入信号; $x_i = [x_{i1}, x_{i2}]^{\mathrm{T}}$ 是状态向量.

图 3.16 通信拓扑图

假设非线性函数

$$\begin{aligned} F(x_i, r_i) &= [f_1(x_i, r_i), f_2(x_i, r_i)]^{\mathrm{T}} \\ &= \begin{bmatrix} x_{i1} x_{i2} \exp(-x_{i1}^2 - x_{i2}^2) - (x_{i1} - r_i) \\ \dfrac{x_{i1} + x_{i2}}{x_{i1}^2 + x_{i2}^2} - (x_{i2} - r_i) \end{bmatrix} \end{aligned}$$

未知, Markey-Glass 时延混沌系统

$$\dot{r}_1 = \frac{10(r_1(t-8)+0.9)}{1+((r_1(t-8)+0.9)/0.8)^{10}} - 2(r_1(t)+0.9),$$

$$\dot{r}_2 = \frac{10(r_2(t-8.2)+0.4)}{1+((r_2(t-8.2)+0.4)/0.7)^{10}} - 2(r_1(t)+0.4),$$

$$\dot{r}_3 = \frac{10(r_3(t-8.5)+1)}{1+((r_3(t-8.5)+1)/0.6)^{10}} - 2(r_3(t)+1).$$

用于生成输入 $r_i(t)(i=1,2,3)$.

　　仿真的初始条件为 $[r_1(t), r_2(t), r_3(t)] = [-0.1, 1, 1.4](t < 0)$ 和 $[r_1(0), r_2(0),$ $r_3(0)] = [-0.1, -1.4, 1.4]$. 高斯 RBF NN $S_j(x_i, r_i)^{\mathrm{T}}\hat{W}_{ij}(j=1,2)$ 包括 9261 个神经元, 这些神经元均匀的分布在 $[-3,3] \times [-3,3] \times [-3,3]$ 和 $\eta_i = 0.5$ 的空间内. 设计参数设定为 $B_i = \mathrm{diag}\{-0.5, -0.5\}, \sigma_i = 0.001, \varGamma_i = \mathrm{diag}\{1,1\}, \gamma = 1, c_0 = 0.001,$ $c_1 = 2$ 和 $\alpha = 0.5$. 利用动态辨识模型 [式 (3.78)] 来辨识未知系统, 该系统的初始条件为 $\hat{W}_i(0) = 0, \hat{x}_i(0) = 0, x_1(0) = [1, -1], x_2(0) = [-0.5, 0.5]$ 和 $x_3(0) = [1.5, -1.5]$.

　　在系统运行 1000s 后, 获得学习到的 NN 权值为 $\overline{W_i} = \mathrm{mean}_{t \in [800, 1000]}\hat{W}_i,$ 图 3.17 给出了权值误差的轨迹 $\|e_{w_i}\|^2$ 和阈值 $c_0 + c_1 e^{\alpha t}$. 图 3.18 给出了时间区间

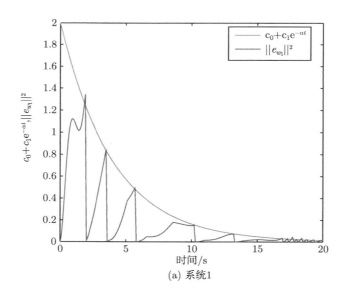

(a) 系统1

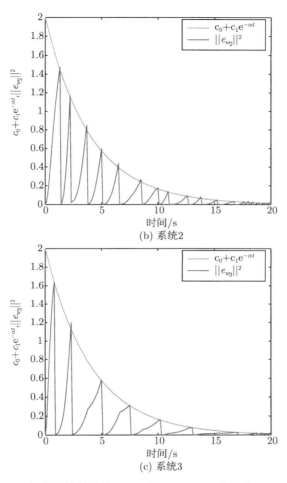

(b) 系统2

(c) 系统3

图 3.17 权值误差的轨迹 $\|e_{w_i}\|^2 (i = 1, 2, 3)$ 和阈值 $c_0 + c_1 e^{\alpha t}$

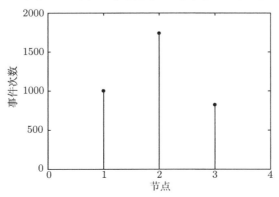

图 3.18 各节点的事件次数

$[0, 1000]$ 内每个节点的事件次数, 逼近效果如图 3.19 和图 3.20 所示. 由图 3.19 可以很明显地看出, 函数 $f(x_i, r_i)$ 可以被 $S(x_i, r_i)^{\mathrm{T}} \overline{W}_i$ 很好地逼近. 图 3.20 表明, 即

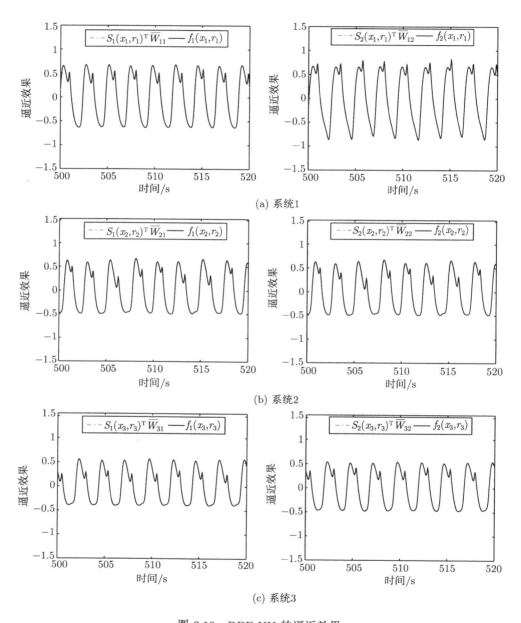

图 3.19　RBF NN 的逼近效果

使交换了输入信号, $f(x_i, r_i)$ 仍然可以很好地被逼近, 这意味着逼近域 φ_ζ 是所有系统轨迹的并集 $\varphi_\zeta = \varphi_{\zeta 1} \cup \varphi_{\zeta 2} \cup \varphi_{\zeta 3}$. 每个节点的 NN 权值的收敛性如图 3.21 所示, 其中每个节点的 NN 权值收敛到它们的最优值. 图 3.22 显示每个节点传输的 NN 权值是分段常值的.

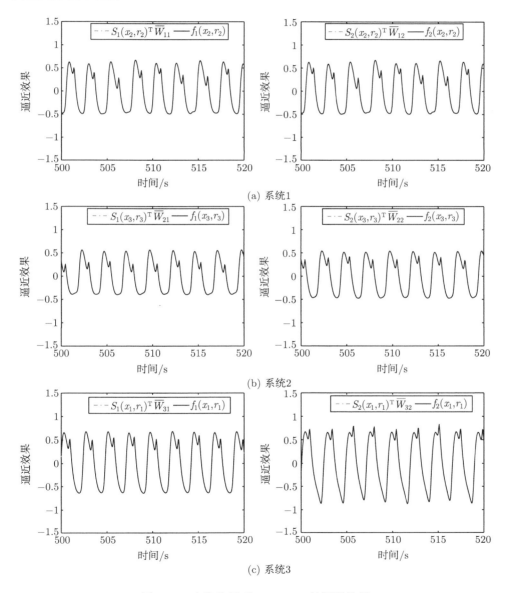

图 3.20 交换信号后 RBF NN 的逼近效果

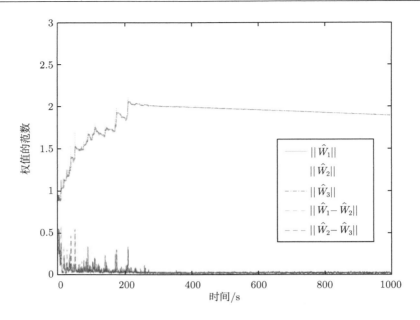

图 3.21　NN 权值的收敛性

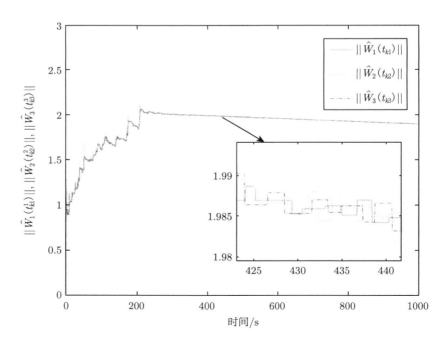

图 3.22　各节点传输的 NN 权值

进一步地, 在系统 [式 (3.109)] 中输入另一个信号 $r_4(t) = 0.6\sin t$, 其初始条件是 $x_4(0) = [0,0]$, RBF NN 的逼近效果如图 3.23 所示, 仍然非常完美, 这意味着学习好的 RBF NN 具有出色的泛化能力.

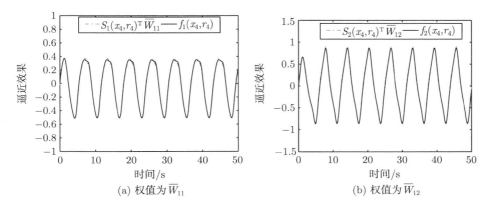

图 3.23　输入信号为 $r_4(t) = 0.6\sin t$ 的 RBF NN 逼近效果

3.6 本 章 小 结

本章分别在固定拓扑和时变拓扑下研究了线性参数化系统的 DCA 方案, 并将其用于线性 SPM 和 DPM 系统的 DCA 辨识. 为了节省通信资源和减少计算负荷, 将事件驱动策略用于通信过程, 解决了线性时变多智能体系统的辨识问题. 进一步, 针对一组未知非线性多智能体系统, 利用 RBF NN 逼近未知的非线性函数, 每个系统通过事件驱动通信方案与其邻居在线共享其 NN 权值, 设计了基于 DCA 律的辨识方案.

第4章　分布式合作自适应控制

本章将应用 3.1 节提出的 DCA 方案解决线性系统和线性参数化系统的 UES 控制问题.

4.1　线性系统分布式合作自适应控制

考虑如下形式的一组线性系统[74]:

$$\dot{x}_i = Ax_i + bu_i, \quad i = 1, \cdots, N, \tag{4.1}$$

其中, $x_i \in \mathbb{R}^n, u_i \in \mathbb{R}$ 分别是第 i 个系统的状态和控制输入; 定义 $A \in \mathbb{R}^{n \times n}$ 和 $b \in \mathbb{R}^n$ 的矩阵形式为

$$A = \left[\begin{array}{c|c} \mathbf{0}_{(n-1) \times 1} & I_{n-1} \\ \hline a_1 & a_2 \cdots a_n \end{array} \right], \quad b = \left[\begin{array}{c} \mathbf{0}_{(n-1) \times 1} \\ \hline 1 \end{array} \right],$$

其中, $a = [a_1, a_2, \cdots, a_n]^{\mathrm{T}}$ 是一个未知参数向量.

相应于第 i 个系统的参考模型可选择为

$$\dot{x}_{mi} = A_m x_{mi} + b r_i(t), \tag{4.2}$$

其中, $x_{mi} \in \mathbb{R}^n, r_i \in \mathbb{R}$ 分别是参考模型的状态和输入; 矩阵 $A_m \in \mathbb{R}^{n \times n}$ 是稳定的矩阵, 即对于一个给定的矩阵 $Q > 0$, 存在矩阵 $P > 0$, 使得

$$A_m P + P A_m^{\mathrm{T}} = -Q. \tag{4.3}$$

定义 A_m 的最后一行为 $a_m = [a_{m1}, a_{m2}, \cdots, a_{mn}]^{\mathrm{T}}$. 控制目标是确定第 i 个系统的输入 u_i, 使得第 i 个系统满足

$$\lim_{t \to \infty} [x_i(t) - x_{mi}(t)] = 0.$$

定义如下 DCA 控制律

$$u_i = x_i^{\mathrm{T}}\hat{\theta}_i + r_i(t) \tag{4.4}$$

和分布式合作参数自适应律

$$\dot{\hat{\theta}}_i = \rho x_i b^T P(x_i - x_{mi}) - \gamma \sum_{j \in \mathcal{N}_i} a_{i,j}(t)(\hat{\theta}_i - \hat{\theta}_j), \tag{4.5}$$

其中, ρ 和 γ 都是正参数; $\hat{\theta}_i$ 表示为未知参数向量 θ_i 的估计值, 记 $\theta = a_m - a$.

定义这个参考模型的跟踪误差和参数估计误差分别为 $z_i = x_i - x_{mi}$ 和 $\tilde{\theta}_i = \theta_i - \hat{\theta}_i$. 由式 (4.1)~式 (4.5) 可得

$$\begin{bmatrix} \dot{z} \\ \dot{\tilde{\theta}} \end{bmatrix} = \begin{bmatrix} A_z & \varPhi(t,z)^{\mathrm{T}} \\ -\rho\varPhi(t,z) & -\gamma\mathcal{L}(t) \otimes I_m \end{bmatrix} \begin{bmatrix} z \\ \tilde{\theta} \end{bmatrix}, \tag{4.6}$$

其中, $z = [z_1^{\mathrm{T}}, \cdots, z_N^{\mathrm{T}}]^{\mathrm{T}}$; $\tilde{\theta} = [\tilde{\theta}_1^{\mathrm{T}}, \cdots, \tilde{\theta}_N^{\mathrm{T}}]^{\mathrm{T}}$; $A_z = \mathrm{diag}\{A_m, \cdots, A_m\}$; $\varPhi(t,z)^{\mathrm{T}} = \mathrm{diag}\{bx_1(t)^{\mathrm{T}}, \cdots, bx_N(t)^{\mathrm{T}}\}$. 结合 $x_i(t) = x_{mi}(t) + z_i(t)$, 根据定理 3.2, 可得到下面的定理.

定理 4.1 考虑包含式 (4.1)、式 (4.2)、式 (4.4) 和式 (4.5) 的闭环系统 [式 (4.6)], 假设网络拓扑是无向的. 如果对于任意固定正常数 $r > 0$, 存在正常数 T_0 和 δ 满足下面两个条件:

(1) 矩阵 $\int_t^{t+T_0} \mathcal{L}(\tau)\mathrm{d}\tau$ 只有一个 0 特征值, 记为 λ_1, 其他所有的非零特征值对 $t \leqslant t_0$ 都满足 $\delta \leqslant \lambda_2 \leqslant \cdots \leqslant \lambda_N(t)$;

(2) $x_{mi}(t)$, $1 \leqslant i \leqslant N$ 满足合作 PE 条件.

那么, 闭环系统 [式 (4.6)] 是 ULES.

证明 为了应用定理 3.2, 首先需要证明 $\varPhi(t,z)$ 和 $\dfrac{\mathrm{d}\varPhi(t,z(t))}{\mathrm{d}t}$ 的一致有界性. 考虑 Lyapunov 函数

$$V(z, \tilde{\theta}) = \sum_{i=1}^N z_i^{\mathrm{T}} P z_i + \frac{1}{2\rho} \sum_{i=1}^N \tilde{\theta}_i^{\mathrm{T}} \tilde{\theta}_i. \tag{4.7}$$

由式 (4.3) 和式 (4.6), 可得

$$\dot{V}(t) \leqslant -\sum_{i=1}^{N} z_i^{\mathrm{T}} Q z_i \leqslant -\lambda_{\min}(Q) z^{\mathrm{T}} z. \tag{4.8}$$

这表明 $\lim_{t\to\infty} z_i(t) = 0$, 且对于任意固定的 $r > 0$, $\tilde{\theta}_i(t)$ 对 $(t_0; z_i(t_0), \tilde{\theta}_i(t_0)) \in \mathbb{R}^+ \times B_r$ 一致有界. 容易证明 $x_i(t)$ 和 $u_i(t)$ 的一致有界性, 这意味着 $\Phi(t, z)$ 和 $\dfrac{\mathrm{d}\Phi(t, z(t))}{\mathrm{d}t}$ 具有一致有界性. 因此, 可证明假设 2.1 和假设 2.2 成立.

此外,

$$\Phi(t, z) = \Phi(x_m(t)) + bZ(t),$$

其中, $\Phi(x_m(t)) = \mathrm{diag}\{bx_{m1}(t)^{\mathrm{T}}, \cdots, bx_{mN}(t)^{\mathrm{T}}\}$; $Z(t) = \mathrm{diag}\{bz_1(t)^{\mathrm{T}}, \cdots, bz_N(t)^{\mathrm{T}}\}$. 注意到式 (4.8) 也意味着 $Z(t)$ 在 $(t_0, (z_i(t_0), \tilde{\theta}_i(t_0))) \in \mathbb{R}^+ \times B_r$ 上一致均方可积. 因此, $bZ(t)$ 也是一致均方可积的. 采用与文献 [75] 中的引理 1-P1 中相同的证明过程, 可得 "$x_{mi}(t), 1 \leqslant i \leqslant N$ 满足合作 PE 条件" 等价于 "$x_i(t), 1 \leqslant i \leqslant N$ 满足 UPE 条件".

进一步, 根据定理 3.2 即可得结论成立. $\square$

4.2　非线性系统分布式合作自适应控制

考虑一组常见的参数化严格反馈系统, 其第 i 个系统可描述为如下形式[67]:

$$\sum_i \ : \ \begin{cases} \dot{x}_{i,j} = x_{i,j+1} + \varphi_{i,j}(\bar{x}_{i,j})^{\mathrm{T}}\theta, & j = 1, \cdots, n-1, \\ \dot{x}_{i,n} = \beta_i(x_i)u_i + \varphi_{i,n}(x_i)^{\mathrm{T}}\theta, \\ y_i = x_{i,1}, \end{cases} \tag{4.9}$$

其中, $\bar{x}_{i,j} = [x_{i,1}, x_{i,2} \cdots, x_{i,j}]^{\mathrm{T}} \in \mathbb{R}^j, j = 1, \cdots, n-1$; $x_i = [x_{i,1}, x_{i,2}, \cdots, x_{i,n}]^{\mathrm{T}} \in \mathbb{R}^n$、$y_i \in \mathbb{R}$ 和 $u_i \in \mathbb{R}$ 分别是第 i 系统的状态、输出和控制输入; $\varphi_{i,j} : \mathbb{R}^j \to \mathbb{R}^m$ 和 $\beta_i : \mathbb{R}^n \to (0, +\infty)$ 是已知的光滑函数; $\theta \in \mathbb{R}^m$ 是未知参数向量.

令输出 y_i 跟踪给定的参考信号 $y_{r,i}(t)$, 基于文献 [67] 中的方法设计如下分散自适应反馈控制律:

$$u_i = \frac{1}{\beta_i(x_i)} \left[a_{i,n} \left(x_i, \hat{\theta}_i, \bar{y}_{r,i}^{(n-1)} \right) + y_{r,i}^{(n)} \right]. \tag{4.10}$$

设计如下自适应律:

$$\dot{\hat{\theta}}_i = \rho \left[\tau_{i,n} \left(x_i, \hat{\theta}_i, \bar{y}_{r,i}^{(n-1)} \right) \right], \tag{4.11}$$

其中, $\rho > 0$ 是自适应增益; $\alpha_{n,i}(\cdot, \cdot, \cdot)$, $\tau_{n,i}(\cdot, \cdot, \cdot)$ 和 $\bar{y}_{r,i}^{(n-1)}$ 与文献 [67] 中的表 4.1 定义相同; $\hat{\theta}_i$ 为 θ 估计. 进而, 得到闭环系统如下 (参见文献 [67] 中的式 (4.194) 和式 (4.195)):

$$\begin{cases} \dot{z}_i = A_{z_i}(z_i, \hat{\theta}_i) z_i + W_i(z_i, \hat{\theta}_i)^{\mathrm{T}} \tilde{\theta}_i, \\ \dot{\hat{\theta}}_i = -\rho W_i(z_i, \hat{\theta}_i) z_i, \end{cases} \tag{4.12}$$

其中, $\tilde{\theta}_i = \theta - \hat{\theta}_i$, 其他的符号 $z_i, A_{z_i}(\cdot, \cdot)$ 和 $W_i(\cdot, \cdot)$ 与文献 [67] 定义类似.

　　然而, 如文献 [67] 中的例 4.13 所示, 如果每个 $W_i(z_i, \hat{\theta}_i)$ 不能满足 PE 条件, 则式 (4.10) 和式 (4.11) 不能保证每个估计参数 $\hat{\theta}_i$ 都收敛于其真值. 根据定理 3.2, 提出下面的 DCA 律:

$$\dot{\hat{\theta}}_i = \rho \tau_{i,n}(x_i, \hat{\theta}_i, \bar{y}_{r,i}^{(n-1)}) - \gamma \sum_{j \in \mathcal{N}_i} a_{i,j}(t)(\hat{\theta}_i - \hat{\theta}_j), \tag{4.13}$$

其中, $\gamma > 0$.

　　注 4.1　DCA 律 [式 (4.13)] 和传统的分散式自适应律 [式 (4.11)] 最主要的不同在于网络拓扑项 $\sum\limits_{j \in \mathcal{N}_i} a_{i,j}(t) \times (\hat{\theta}_i - \hat{\theta}_j)$ 的使用, 能在系统中实现局部的信息交换, 自然解释了式 (4.13) 优于式 (4.11). 例如, 如下面定理 4.2 所示, 如果利用式 (4.13), 当 $W_i(z_i, \hat{\theta}_i), 1 \leqslant i \leqslant N$ 满足合作 UPE 条件而不是传统的 PE 条件时, 每个 $\hat{\theta}_i$ 可以趋于其真值.

　　用式 (4.13) 代替式 (4.11), 闭环系统 [式 (4.12)] 可重新表示为

$$\begin{bmatrix} \dot{z} \\ \dot{\tilde{\theta}} \end{bmatrix} = \begin{bmatrix} A_z(t, z, \hat{\theta}) & \Phi(t, z, \tilde{\theta})^{\mathrm{T}} \\ -\rho \Phi(t, z, \tilde{\theta}) & -\gamma \mathcal{L}(t) \otimes I_m \end{bmatrix} \begin{bmatrix} z \\ \tilde{\theta} \end{bmatrix}, \tag{4.14}$$

其中, $z = [z_1^T, \cdots, z_N^T]^T$; $\tilde{\theta} = [\tilde{\theta}_1^T, \cdots, \tilde{\theta}_N^T]^T$; $A_z(t, z, \tilde{\theta}) = \text{diag}\{A_{z_1}(z_1, \tilde{\theta}_1); \cdots; A_{z_N}(z_N, \tilde{\theta}_N)\}$; $\Phi(t, z, \tilde{\theta})^T = \text{diag}\{W_1, (z_1, \hat{\theta}_1), \cdots, W_N, (z_N, \hat{\theta}_N)^T\}$. 基于定理 3.2, 可得如下结论.

定理 4.2 考虑一组形如式 (4.9) 的系统, 且满足控制律 [式 (4.10)] 和 DCA 律 [式 (4.13)], 假设网络拓扑无向. 对于任意固定常数 $r > 0$, 如果存在两个正常数 T_0 和 δ, 使得下面的两个条件成立:

(1) 矩阵 $\int_t^{t+T_0} \mathcal{L}(\tau)\mathrm{d}\tau$ 只有一个零特征值, 记为 λ_1, 其他所有的非零特征值对于任意的 t 满足 $\delta \leqslant \lambda_2 \leqslant \cdots \leqslant \lambda_N(t)$;

(2) $\varphi_{i,j}(\bar{x}_{i,j}(t))$, $(1 \geqslant i \geqslant N, 1 \geqslant j \geqslant n)$ 满足合作 UPE 条件, 其中 $\bar{x}_{i,j} := [x_{i,1}, \cdots, x_{i,j}]^T$. 那么, 闭环系统 [式 (4.14)] 是 ULES.

证明 首先, 考虑 Lyapunov 函数

$$V = \frac{1}{2}\sum_{i=1}^N z_i^T z_i + \frac{1}{2}\sum_{i=1}^N \tilde{\theta}_i^T \tilde{\theta}_i.$$

基于式 (4.14), 可得 V 的导数为

$$\begin{aligned}
\dot{V} &= -\sum_{i=1}^N c_i z_i^T z_i - \frac{\gamma}{\rho}\tilde{\theta}^T[\mathcal{L}(t) \otimes I_m]\tilde{\theta} \\
&\leqslant -\sum_{i=1}^N c_i z_i^T z_i.
\end{aligned} \tag{4.15}$$

利用与文献 [67] 相同的推导, 可得 $\lim_{t\to\infty} z_i(t) = 0$, 且对于任意固定的 $r > 0$, $\hat{\theta}_i$ 和 x_i 在 $(t_0, z_i(t_0), \hat{\theta}_i(t_0)) \in \mathbb{R}_{\leqslant 0} \times B_r$ 上一致有界, 这就意味着 $\Phi(t, z, \tilde{\theta}_i)$, $\mathrm{d}\Phi(t, z, \tilde{\theta}_i)/\mathrm{d}t$ 和 A_z 一致有界. 因此, 假设 2.1 和假设 2.2 成立. 基于定理 3.2, 如果能够证明 $W_i(z_i, \hat{\theta}_i)$, $(1 \geqslant i \geqslant N)$ 满足合作 UPE 条件, 则闭环系统 [式 (4.14)] 是 ULES.

事实上, $W_i(z_i, \hat{\theta}_i)^T$ 可重新表示为 $W_i(z_i, \hat{\theta}_i)^T = M_i(z_i, \hat{\theta}_i)F_i(\bar{x}_{i,n})^T$, 其中, $F_i(\bar{x}_{i,n})^T = [\varphi_{i,1}(x_{i,1})^T, \cdots, \varphi_{i,n}(\bar{x}_{i,n})^T]^T$,

$$M_i(z_i, \hat{\theta}_i)^{\mathrm{T}} = \begin{bmatrix} 1 & 0 & \cdots & 0 \\ -\dfrac{\partial \alpha_{i,1}}{\partial x_{i,1}} & 1 & \ddots & \vdots \\ \vdots & \ddots & \ddots & 0 \\ -\dfrac{\partial \alpha_{i,n-1}}{\partial x_{i,1}} & \cdots & -\dfrac{\partial \alpha_{i,n-1}}{\partial x_{i,n-1}} & 1 \end{bmatrix}.$$

显然, 由于 z_i 和 $\hat{\theta}_i$ 是一致有界的, 从而 $M_i(z_i, \hat{\theta}_i)^T$ 是一致非奇异的. 因此, 只需要得到 $F_i(\bar{x}_{i,n})^T, (1 \leqslant i \leqslant N)$ 满足合作 UPE 条件, 其等价于 $\varphi_{i,j}(\bar{x}_{i,j}(t))(1 \leqslant i \leqslant N, 1 \leqslant j \leqslant N)$ 满足合作 UPE 条件.

证毕. □

注 4.2 虽然存在一些工作 (如文献[67]中的定理4.12) 研究由式 (4.9)∼ 式 (4.11) 组成的闭环系统的稳定性问题, 但仅能证明全局渐近稳定性. 到目前为止, 尚没有关于闭环系统 [式 (4.14)] 是 UES 的文献. 由于结论依赖于 r, 定理4.2只得到了 ULES 的充分条件. 由于 r 虽然是确定的但是任意的, 故该结论非常接近于 UGES 的性质, 实际上意味着全局一致渐近稳定的 (uniformly globally asymptotically stable, UGAS). 并且, $\varphi_{i,j}(\bar{x}_{i,j}(t)), (1 \leqslant i \leqslant N, 1 \leqslant j \leqslant N)$ 满足合作 UPE 条件的充分条件也就是 $\varphi_{i,j}(\bar{x}_{i,j}(t))(1 \leqslant i \leqslant N)$ 满足合作 PE 条件, 其可用与文献[75]的引理1-P1相同的证明过程得到. 因为后者不依赖于系统状态, 所以更容易验证.

4.3 数 值 仿 真

例 4.1 考虑如式 (4.1) 所示的四个线性系统, 其中 $a = [1, 3, 5, 2]^{\mathrm{T}}$. 它们的参考模型由式 (4.2) 给出, 其中 $a_m = [2, -6, -7, -4]^{\mathrm{T}}$, 输入信号分别取作 $r_1(t) = \sin(t), r_2(t) = \cos(0.5t), r_3(t) = \sin(2t)$ 和 $r_4(t) = \sin(\cos(t))$. 由 4.1 节可得, $\theta = a_m - a = [-3, -9, -12, -6]^{\mathrm{T}}$. 取 $Q = I_4$, 求解式 (4.3) 可得

$$P = \begin{bmatrix} 2.6500 & 2.9500 & 1.5500 & 0.2500 \\ 2.9500 & 6.0750 & 3.7000 & 0.5750 \\ 1.5500 & 3.7000 & 3.7500 & 0.6000 \\ 0.2500 & 0.5750 & 0.6000 & 0.2750 \end{bmatrix}.$$

首先, 采用分散式自适应控制律. 取式 (4.4) 和式 (4.5) 中的 $r = 0$, 当自适应增益 $\rho = 1$ 时, 仿真结果如图 4.1 和图 4.2 所示. 从中可以看出, 所有的跟踪误差收敛于 0, 但所有的 $\hat{\theta}_i(t)$ 不能收敛于它们的真值, 这是由于 $x_{m1}(t), x_{m2}(t), x_{m3}(t)$ 和 $x_{m4}(t)$ 不满足 PE 条件.

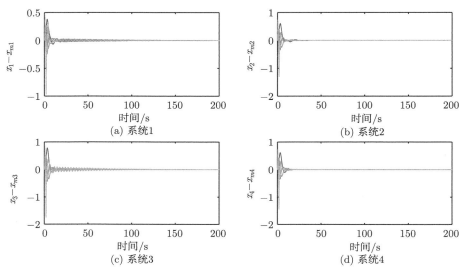

图 4.1　分散自适应: $x_i - x_{mi}, i = 1, 2, 3, 4$

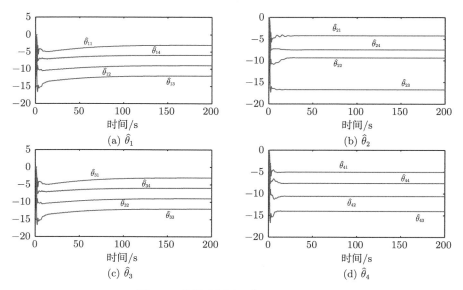

图 4.2　分散自适应: $\hat{\theta}_i, i = 1, 2, 3, 4$

容易验证定理 4.1 的条件成立, 进而采用式 (4.5) 来进行仿真. 假设网络拓扑在如图 4.3 所示的三个非连通拓扑 $\{\mathcal{G}_1, \mathcal{G}_2, \mathcal{G}_3\}$ 之间切换, 且满足下面的切换协议,

$$
\sigma(t) = \begin{cases}
1, & t \in \left[2k\pi, 2k\pi + \dfrac{1}{2}\pi\right), \\
2, & t \in \left[2k\pi + \dfrac{1}{2}\pi, 2k\pi + \dfrac{3}{2}\pi\right), \\
3, & t \in \left[2k\pi + \dfrac{3}{2}\pi, 4k\pi\right),
\end{cases}
$$

其时变邻接矩阵为

$$
\mathcal{A}_1(t) = \begin{bmatrix}
0 & |\sin(t)| & 0 & 0 \\
|\sin(t)| & 0 & 0 & 0 \\
0 & 0 & 0 & 0 \\
0 & 0 & 0 & 0
\end{bmatrix},
$$

$$
\mathcal{A}_2(t) = \begin{bmatrix}
0 & 0 & 0 & 0 \\
0 & 0 & 0 & 0 \\
0 & 0 & 0 & 1 \\
0 & 0 & 1 & 0
\end{bmatrix},
$$

$$
\mathcal{A}_3(t) = \begin{bmatrix}
0 & 0 & 0 & 0 \\
0 & 0 & |\cos(t)| & 0 \\
0 & |\cos(t)| & 0 & 0 \\
0 & 0 & 0 & 0
\end{bmatrix}.
$$

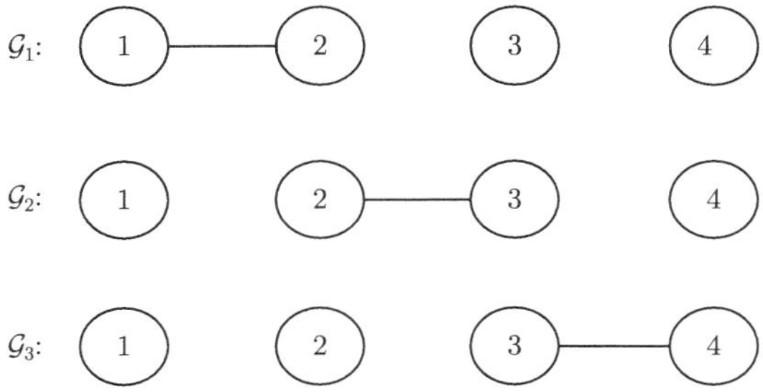

图 4.3 切换网络拓扑: $\mathcal{G}_1, \mathcal{G}_2, \mathcal{G}_3$

当 $\rho = \gamma = 1$ 时, 仿真结果如图 4.4 和图 4.5 所示, 从中可以看出所有的跟踪误差收敛于 0, 且每个 $\hat{\theta}_i(t)$ 均收敛于真值.

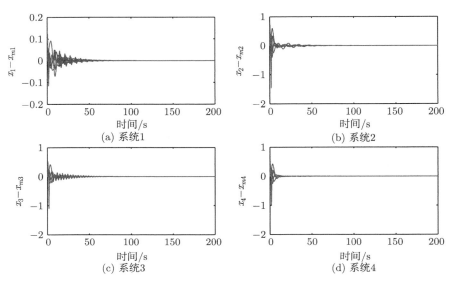

图 4.4　合作自适应: $x_i - x_{mi}$(切换拓扑), $i = 1, 2, 3, 4$

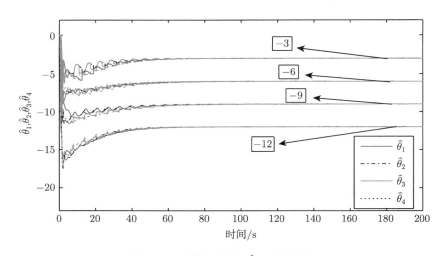

图 4.5　合作自适应: $\hat{\theta}_i$(切换拓扑)

例 4.2　考虑三个相同的两轮移动机器人的自适应编队控制问题. 第 i 个机器人 ($i = 1, 2, 3$) 的动态方程[63] 为

$$\dot{x}_i \sin(\theta_i) - \dot{y}_i \cos(\theta_i) + d\dot{\theta}_i = 0, \tag{4.16}$$

$$M_0 T(\theta_i)\ddot{p}_i + M_0\dot{T}(\theta_i)\dot{p}_i = S^{\mathrm{T}}(\theta_i)B(\theta_i)\tau_i, \tag{4.17}$$

其中, $p_i = [x_i, y_i, \theta_i]^{\mathrm{T}}$ 定义为第 i 个机器人的广义坐标; 给定 $M_0, T(\theta_i), S(\theta_i)$ 和 $B(\theta_i)$ 分别为

$$M_0 = \begin{bmatrix} m & 0 \\ 0 & \frac{I}{d} \end{bmatrix}, T(\theta_i) = \begin{bmatrix} \cos\theta_i & \sin\theta_i \\ -\sin\theta_i & \cos\theta_i \end{bmatrix},$$

$$S(\theta_i) = \begin{bmatrix} \cos\theta_i & -d\sin\theta_i \\ \sin\theta_i & d\cos\theta_i \\ 0 & 1 \end{bmatrix}, B(\theta_i) = \begin{bmatrix} \cos\theta_i & \cos\theta_i \\ \sin\theta_i & \sin\theta_i \\ L & -L \end{bmatrix},$$

其中, 物理参数 m, d, I 和 L 按照文献 [63] 定义; 第 i 个机器人的参考编队表示为 $p_i^d(t) = \sum\limits_{j \in \mathcal{N}_i} \bar{a}_{i,j}\left(p_j(t) + D_{i,j}^d(t)\right)$, $\mathcal{N}_i$ 为第 i 个机器人的邻居集; $\bar{a}_{i,j}$ 是描述第 i 个机器人的邻居机器人如何影响其参考轨迹的一个投影向量, 且 $\sum\limits_{j \in \mathcal{N}_i} \bar{a}_{i,j} = 1$; $D_{ij}^d(t)$ 表示第 i 个机器人远离第 j 个机器人的理想参考距离.

定义 $e_i = p_i - p_i^d$, $z_i = \dot{e}_i + e_i$, $\dot{p}_i^r = \dot{p}_i^d - e_i$, $z_i = \dot{p}_i + \dot{p}_i^r$ 和 $\tilde{z}_i = T(\theta_i)z_i$, 式 (4.17) 可变换为

$$M_0\dot{\tilde{z}}_i = \Phi(\theta_i, \dot{p}_i, \ddot{p}_r, \dot{p}_r)\vartheta + S^{\mathrm{T}}(\theta_i)B(\theta_i)\tau_i \tag{4.18}$$

注意到在式 (4.18) 中, 实际上使用了 $-M_0 T(\theta_i)\ddot{p}_r + M_0\dot{T}(\theta_i)\dot{p}_r^r = \Phi(\theta_i, \dot{p}_i, \ddot{p}_r, \dot{p}_r)\vartheta$, 其中 $\vartheta = [m, \frac{m}{d}, \frac{I}{d^2}, \frac{I}{d}]^{\mathrm{T}}$, $\Phi = [\phi_i^{11}, \phi_i^{12}, 0, 0; 0, 0, \phi_i^{21}, \phi_i^{22}]$, $\phi_i^{11} = \cos\theta_i\ddot{x}_i^r + \sin\theta_i\ddot{y}_i^r$, $\phi_i^{12} = (\sin\theta_i\dot{x} - \cos\theta_i\dot{y})(\sin\theta_i\dot{x}_i^r - \cos\theta_i\dot{y}_i^r)$, $\phi_i^{21} = -\sin\theta_i\ddot{x}_i^r + \cos\theta_i\ddot{y}_i^r$, $\phi_i^{22} = (\cos\theta_i\dot{x} + \sin\theta_i\dot{y})(\sin\theta_i\dot{x}_i^r - \cos\theta_i\dot{y}_i^r)$.

基于式 (4.18), 设计如下控制律

$$\tau_i = (S^{\mathrm{T}}(\theta_i)B(\theta_i))^{-1}[-c\tilde{z}_i - \Phi(\theta_i, \dot{p}_i, \ddot{p}^r, \dot{p}^r)\hat{\vartheta}_i] \tag{4.19}$$

和合作自适应律

$$\dot{\hat{\vartheta}}_i = \rho \Phi(\theta_i, \dot{p}_i, \ddot{p}^r, \dot{p}^r)\tilde{z}_i - \gamma \sum_{j \in \mathcal{N}_i} a_{i,j}(\hat{\vartheta}_i - \hat{\vartheta}_j). \tag{4.20}$$

假设节点的固定网络拓扑如图 4.6 所示. 令机器人 1 为头节点, 其参考点
为 $p_1^d(t) = \left[3.3\sin\left(\frac{\pi}{2}t + 2\right), 3\cos\left(\frac{\pi}{2}t + 2\right)\right]^{\mathrm{T}}$; 其他机器人的参考点为 $p_2^d(t) =$
$p_1^d(t) + D_{21}(t), p_3^d(t) = p_2^d(t) + D_{32}(t)$, 且 $D_{21}(t) = -\frac{1}{6}p_1^d(t)$ 和 $D_{32}(t) = -\frac{1}{5}p_2^d(t)$.
仿真中, 取 $m = 1, d = 2, I = 3$, 这意味着 $\vartheta = [1, 0.5, 0.75, 1.5]$, 初始条件设为
$[x_1, y_1]^{\mathrm{T}} = [-5, 5]^{\mathrm{T}}, [x_2, y_2]^{\mathrm{T}} = [-5, -5]^{\mathrm{T}}, [x_3, y_3]^{\mathrm{T}} = [5, 5]^{\mathrm{T}}$, 其余的初始条件均设
为 0.

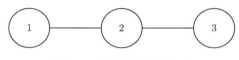

图 4.6　固定网络拓扑: $\mathcal{G}$

首先, 采用分散式自适应控制律. 令式 (4.20) 中的 $r = 0$, 当 $c = 2, \rho = 1$ 时, 仿
真结果如图 4.7 和图 4.8 所示. 图 4.7 显示了 3 个机器人的轨迹, 从中可以看出, 所
有的机器人形成一个有序的编队, 估计参数如图 4.8 所示, 显然它们没有收敛于其
真值. 然后, 利用 DCA 律 [式 (4.20)], 当 $c = 2, \rho = 1, \gamma = 1$ 时, 仿真结果如图 4.9
和图 4.10 所示, 从中可以看出, 三个机器人仍然形成一个有序编队, 且它们的估计
参数均收敛于它们的真值.

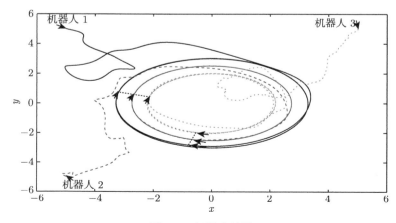

图 4.7　机器人轨迹

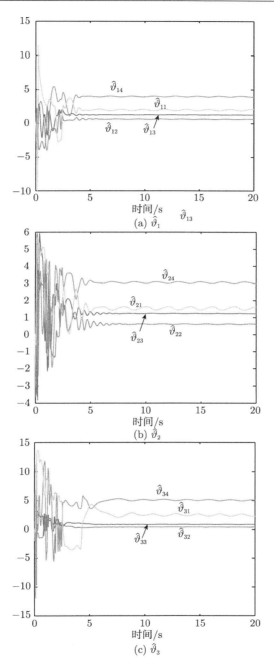

图 4.8 分散自适应: $\hat\vartheta_1, \hat\vartheta_2, \hat\vartheta_3$

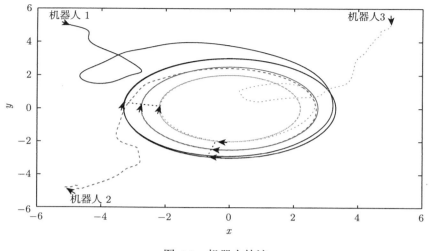

图 4.9   机器人轨迹

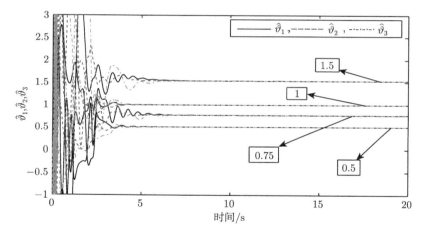

图 4.10   合作自适应: $\hat{\vartheta}_1, \hat{\vartheta}_2, \hat{\vartheta}_3$

4.4   本 章 小 结

本章应用 3.1 中提出的 DCA 方案设计 DCA 控制律. 仅在一个较弱的合作 PE 条件而不是传统的 PE 条件下, 保证闭环系统是 UES, 从而解决了线性系统和线性参数化系统的控制问题, 充分显示了所提自适应方案的有效性.

第5章　连续时间分布式合作学习自适应控制

在实际应用中, 有一些例子可以为研究 DCL 策略带来启发, 如智能体的编队、渔船编队、飞机编队、卫星编队和机器人编队等已经得到了广泛的研究. 但是, 这些智能体由于通信能力的限制, 仅获得局部实时在线信息去代替全局的信息交换. 对于这个问题, 一方面由于集中式学习策略能够获得比 DCL 策略更好的效果, 但受全局信息通信的限制, 集中式学习策略并不能够运用; 另一方面, 所有关于确定学习理论的研究并没有利用实时在线学习到的 NN 权值, 这是由于没有建立通信拓扑, 使其在不同系统中的权值更新律中通信, 仅通过 RBF NN 学习自己的系统动态. 为了避免集中式和分散式学习策略的缺点, DCL 策略采用系统之间的局部通信来替代全局通信, 其首要的问题就是怎样在学习策略中建立合适的通信拓扑, 其次是怎样在控制过程中确保 RBF NN 的学习能力.

研究 NN 学习能力的主要难点在于: 由 RBF 组成的回归向量很难满足 PE 条件. 为了解决这个问题, 王聪等提出了确定性学习理论, 该理论研究的学习数据是由确定 (相对随机而言) 动态系统模型产生 [10,13,31-34,76]. 通过研究发现, 在闭环反馈控制过程中设计合适的自适应 NN 控制器能够学习未知系统动态. 确定性学习理论通过以下几个方面来实现: ①动态系统的参考信号的轨迹是周期或类周期的; ②沿着参考轨迹, 局部 RBF NN 满足局部 PE 条件; ③闭环系统的指数收敛性; ④NN 权值指数收敛到最优值的小邻域内, 这样就获得了未知系统函数的精确逼近. 最终, 将学到的 NN 权值储存起来, 将来以便应用到相同的系统结构和类似的控制任务中. 它的主要优点是: 对于不同的模型, 通过选择合适的知识来完成下一个控制任务. 这就实现了自适应 NN 控制的智能性. 将这种观点与合作的思想结合起来研究合作学习也是很有意义的. 基于这个观点, 对于一群连续时间非线性系统提出了 DCL 策略.

5.1　基于 RBF NN 的分布式合作学习控制

5.1.1　问题描述

本小节针对一群二阶非线性连续时间系统提出 DCL NN 控制算法, 其中第 i 个系统的动态如下:

$$\begin{cases} \dot{x}_{i,1} &= x_{i,2}, \\ \dot{x}_{i,2} &= f(x_i) + u_i, \qquad i = 1, 2, \cdots, N, \end{cases} \tag{5.1}$$

其中, $x_i = [x_{i,1}, x_{i,2}]^{\mathrm{T}} \in \mathbb{R}^2$ 和 $u_i \in \mathbb{R}$ 分别是第 i 个系统的状态向量和控制输入; $f(x_i) : \mathbb{R}^2 \to \mathbb{R}$ 是未知非线性连续函数.

N 个有界的参考信号由如下系统生成:

$$\begin{cases} \dot{x}_{d_{i,1}} &= x_{d_{i,2}}, \\ \dot{x}_{d_{i,2}} &= f_{d_i}(x_{d_i}, t), \qquad i = 1, 2, \cdots, N, \end{cases} \tag{5.2}$$

其中, $x_{d_i} = \left[x_{d_{i,1}}, x_{d_{i,2}} \right]^{\mathrm{T}} \in \mathbb{R}^2$ 是状态向量; $f_{d_i}(x_{d_i}, t)$ 是已知非线性连续函数, 目标如下:

(1) 设计自适应 NN 控制器 u_i, 使得每一个系统状态 x_i 都能跟踪上参考信号的状态 x_{d_i};

(2) 对于采用 DCL 策略的 RBF NN, 寻找学习到的知识的有效性和优点.

注 5.1　*式* (5.1) *的主要特点是所有的系统结构是相同的, 也就是说未知的系统函数* $f(\cdot)$ *是相同的, 且所有 NN 的最优权值是相同的, 这使得设计一个 DCL 策略的想法具有可行性. 因此, 通过合作的方式, RBF NN 学习相同的最优权值, 通过自适应律使得权值估计达到一致, 这个观点启发本书作者去研究合作学习策略. 在实际中, 确实存在不少这种具有相同系统函数的一群非线性系统, 如一群型号相同的移动机器人的编队控制问题*[77].

为了实现上述的目标, 首先采用 RBF NN 逼近未知函数 $f(x_i)$ 如下:

$$f(x_i) = S(x_i)^{\mathrm{T}} W + \varepsilon_i(x_i), i = 1, \cdots, N, \tag{5.3}$$

其中, $S(x_i) : \Omega \to \mathbb{R}^l$ 是光滑 RBF 向量, l 是神经元的数量, 估计误差满足 $|\varepsilon_i| \leqslant \varepsilon$, ε 是一个常数, 那么将式 (5.3) 代入式 (5.1) 可得

$$\begin{cases} \dot{x}_{i,1} = x_{i,2}, \\ \dot{x}_{i,2} = u_i + S(x_i)^{\mathrm{T}} W + \varepsilon_i(x_i). \end{cases} \tag{5.4}$$

然后, 需要如下假设.

假设 5.1 式 (5.2) 的状态保持一致有界, 即 $\forall t \geqslant 0, x_d \in \Omega_{d_i} (i = 1, \cdots, N)$, 其中 $\Omega_{d_i} \in \mathbb{R}^2$ 是一个紧集. 进一步, $\varphi_{d_i}(x_{d_i}(0))$ (简记为 φ_{d_i}) 为式 (5.2) 始于初始条件 $x_{d_i}(0)$ 的状态轨迹, 假设 φ_{d_i} 是周期或类周期运动的, 记 $\varphi_d = \varphi_{d_i} \cup \cdots \cup \varphi_{d_N}$.

5.1.2 分布式合作学习律设计

在第 i 个系统中, 记 $\hat{W}_i$ 是最优权值 W 的估计值. 定义坐标变换如下:

$$z_{i,1} = x_{i,1} - x_{d_{i1}}, \tag{5.5}$$

$$z_{i,2} = x_{i,2} - \alpha_i, \tag{5.6}$$

利用 Backstepping 方法设计控制律如下:

$$u_i = -z_{i,1} - c_{i,2} z_{i,2} - S(x_i)^{\mathrm{T}} \hat{W}_i + \dot{\alpha}_i, \tag{5.7}$$

$$\alpha_i = -c_{i,1} z_{i,1} + \dot{x}_{d_{i1}} = -c_{i,1} z_{i,1} + x_{d_{i,2}}, \tag{5.8}$$

$$\dot{\alpha}_i = -c_{i,1}(c_{i,1} z_{i,1} + z_{i,2}) + f_{d_i}(x_{d_i}, t), \tag{5.9}$$

其中, $c_{i,1}, c_{i,2} > 0$ 是控制增益.

受到一致性理论的启发, 在系统之间建立一个通信拓扑, 提出如下的 DCL 律:

$$\dot{\hat{W}}_i = \rho \left[S(x_i) z_{i,2} - \sigma_i \hat{W}_i \right] - \gamma \Sigma_{j=1}^{N} a_{ij}(\hat{W}_i - \hat{W}_j), \tag{5.10}$$

其中, ρ, γ 是设计参数; $\sigma_i > 0$ 是修正系数; $a_{ij} > 0$ 代表 $\hat{W}_j$ 能够得到和分享第 i 个系统的权值估计, $a_{ij} = 0$ 意味着两个系统之间没有通信.

5.1.3 稳定性和学习能力分析

定义 $\tilde{W}_i = \hat{W}_i - W$, 状态 x_i 开始于 $x_i(T)$ 的轨迹为 $\varphi_{\zeta_i}(x_i(T))$ (简记为 φ_{ζ_i}), 其中 T 代表训练有限时间后的某时刻.

定理 5.1　考虑由式 (5.1)、式 (5.2)、式 (5.7) ~ 式 (5.10) 组成的闭环系统, 假设通信拓扑是无向连通的. 对于任意的始于初始条件 $x_{d_i}(0) \in \Omega_{d_i}$ 的周期或类周期的参考轨迹 φ_{d_i} [其中 $x_i(0)$ 在紧集 Ω_{i0} 上], 令 $\hat{W}_i(0) = 0$, 可得如下结论:

(1)　所有闭环系统中的信号保持一致最终有界;

(2)　通过选择合适的参数, 状态跟踪误差 $x_i - x_{d_i}$ 指数收敛到原点的小邻域;

(3)　在轨迹 ϕ_ς 上, NN 权值估计 $\hat{W}_{i\varsigma}$ 收敛到它们公共最优权值 W_ς 的一个小邻域内, 即 $\hat{W}_{i\varsigma} \simeq \hat{W}_{j\varsigma}$, 并且对于未知函数 $f(\cdot)$, 在期望的误差水平 ε 下, 获得了 N 个几乎相同的逼近器 $S(\cdot)^{\mathrm{T}}\bar{W}_i$.

证明　(1) 根据式 (5.5) 和式 (5.6), $z_{i,1}, z_{i,2}$ 的导数可以表示如下:

$$\dot{z_{i,1}} = \dot{x_{i,1}} - \dot{x_{d_{i,1}}} = x_{i,2} - x_{d_{i,2}} = -c_{i,1}z_{i,1} + z_{i,2}, \tag{5.11}$$

$$\dot{z_{i,2}} = -z_{i,1} - c_{i,2}z_{i,2} - S(x_i)^{\mathrm{T}}\tilde{W}_i + \varepsilon_i. \tag{5.12}$$

考虑 Lyapunov 函数

$$V = \frac{1}{2}\sum_{i=1}^{N}(Z_{i,1}^2 + z_{i,2}^2) + \frac{1}{2\rho}\sum_{i=1}^{N}\tilde{W}_i^{\mathrm{T}}\tilde{W}_i. \tag{5.13}$$

V 的导数为

$$\begin{aligned}
\dot{V} =& \sum_{i=1}^{N}(z_{i,1}\dot{z}_{i,1} + z_{i,2}\dot{z}_{i,2}) + \frac{1}{\rho}\sum_{i=1}^{N}\tilde{W}_i^{\mathrm{T}}\dot{\tilde{W}}_i \\
=& -\sum_{i=1}^{N}(c_{i,1}z_{i,1}^2 + c_{i,2}z_{i,2}^2 - z_{i,2}\varepsilon_i) + \sum_{i=1}^{N}\tilde{W}_i^{\mathrm{T}}S(x_i)z_{i,2} \\
& -\sum_{i=1}^{N}\sigma_i\tilde{W}_i^{\mathrm{T}}\hat{W}_i - \frac{\gamma}{\rho}\sum_{i=1}^{N}\tilde{W}_i^{\mathrm{T}}\left[\sum_{j=1}^{N}a_{ij}(\hat{W}_i - \hat{W}_j)\right] \\
=& -\sum_{i=1}^{N}(c_{i,1}z_{i,1}^2 + c_{i,2}z_{i,2}^2 - z_{i,2}\varepsilon_i) - \sum_{i=1}^{N}\sigma_i\tilde{W}_i^{\mathrm{T}}\hat{W}_i \\
& -\frac{\gamma}{\rho}\tilde{W}^{\mathrm{T}}(L \otimes I_l)\tilde{W} \\
\leqslant& -\sum_{i=1}^{N}(c_{i,1}z_{i,1}^2 + c_{i,2}z_{i,2}^2 - z_{i,2}\varepsilon_i) - \sum_{i=1}^{N}\sigma_i\tilde{W}_i^{\mathrm{T}}\hat{W}_i, \tag{5.14}
\end{aligned}$$

其中, $\tilde{W} = [\tilde{W}_1^{\mathrm{T}}, \cdots, \tilde{W}_N^{\mathrm{T}}]^{\mathrm{T}}$. 可直接得出下面的不等式:

$$z_{i,2}\varepsilon_i \leqslant \frac{c_{i,2}z_{i,2}^2}{2} + \frac{\varepsilon^2}{2c_{i,2}}, \tag{5.15}$$

$$-\sum_{i=1}^{N} \sigma_i \tilde{W}_i^{\mathrm{T}} \hat{W}_i \leqslant -\frac{\sigma}{2}\tilde{W}^{\mathrm{T}}\tilde{W} + \sum_{i=1}^{N} \frac{\sigma_i}{2}W^{\mathrm{T}}W, \tag{5.16}$$

其中, $\sigma = \min\{\sigma_1, \cdots, \sigma_N\}$.

把式 (5.15) 和式 (5.16) 代入式 (5.4) 可得

$$\dot{V} \leqslant -\varrho\left(\frac{1}{2}\sum_{i=1}^{N}(z_{i,1}^2 + z_{i,2}^2) + \frac{1}{2\rho}\sum_{i=1}^{N}\tilde{W}_i^{\mathrm{T}}\tilde{W}_i\right)$$
$$+ \sum_{i=1}^{N}\frac{\varepsilon^2}{2c_{i,2}} + \frac{1}{2}\sum_{i=1}^{N}\sigma_i W^{\mathrm{T}}W$$
$$= -\varrho V + \delta,$$

其中, $\varrho = \min\limits_{i=1,\cdots,N}\{2c_{i,1}, c_{i,2}, \sigma\rho\}$; $\delta = \sum\limits_{i=1}^{N}\frac{\varepsilon^2}{2c_{i,2}} + \frac{1}{2}\sum\limits_{i=1}^{N}\sigma_i W^{\mathrm{T}}W$. 那么, 式 (5.13) 满足

$$0 \leqslant V(t) < \frac{\delta}{\varrho} + V(0)\mathrm{e}^{-t\varrho}, \tag{5.17}$$

这就意味着 $V(t)$ 是有界的. 因此, $z_{i,1}, z_{i,2}$ 和 $\tilde{W}_i$ 都最终一致有界.

(2) 根据式 (5.13) 和式 (5.17), 可得

$$0 \leqslant \sum_{i=1}^{N}(z_{i,1}^2 + z_{i,2}^2) \leqslant 2V(t) \leqslant \frac{2\delta}{\varrho} + 2V(0)\mathrm{e}^{-t\varrho},$$

这意味着给定一个正常数 $\varpi \leqslant \sqrt{2\delta/\varrho}$, 存在有限时间 T, 该时间可由 ϱ 和 δ 决定, 使得对 $\forall t \geqslant T$, $z_{i,1}$ 和 $z_{i,2}$ 满足

$$|z_{i,j}| \leqslant \varpi, i = 1, \cdots, N; j = 1, 2.$$

如果设计 $c_{i,1} > c$, $c_{i,2} > c$ 和 $\rho = \bar{c}\sigma$, c 是一个正的常数, 且 $\bar{c} > c$, 那么 $\varrho > c$. 这就表明 ϱ 不是任意小. 进一步, 选择 $c_{i,2}$ 足够大, 并且 σ_i 足够小, δ 将会变得任意小. 因此, δ/ϱ 能通过选择合适的参数变得足够小, 这就意味着 ϖ 能变得任意小. 由式 (5.5) 可得, $x_{i,1}$ 能够跟踪上 $x_{d_{i1}}$.

由于

$$z_{i,2} = x_{i,2} - \alpha_i = x_{i,2} + c_{i,1}z_{i,1} - x_{d_i,2},$$

可得

$$x_{i,2} - x_{d_{i2}} = z_{i,2} - c_{i,1}z_{i,1} \leqslant \varpi + c_{i,1}\varpi, i = 1, \cdots, N.$$

显然, 由于 c_{i1} 是一个常数并且 ϖ 能任意小, 故 $x_{i,2} - x_{d_{i2}}$ 能够任意小. 综上所述, $x_i(i = 1, \cdots, N)$ 能够在有限时间 T 内收敛到 x_{d_i} 的一个小邻域内.

(3) 在时间 T 后, 沿着联合轨迹 $\varphi_\zeta = \varphi_{\zeta_1} \cup \cdots \cup \varphi_{\zeta_N}$, 式 (5.12) 可以重新表示如下:

$$\dot{z}_{i,2} = -z_{i,1} - c_{i,2}z_{i,2} - S_\zeta(x_i)^{\mathrm{T}}\tilde{W}_{i\zeta} + \varepsilon_{i\zeta}, \tag{5.18}$$

其中, $\varepsilon_{i\zeta} = \varepsilon_{i\zeta} - S_{\bar\zeta}(x_i)^{\mathrm{T}}\hat{W}_{i\zeta} = O(\varepsilon_{i\zeta})$. 由式 (5.11) 和式 (5.18), 可得

$$\dot{z}_i = A_i z_i - b S_\zeta(x_i)^{\mathrm{T}}\hat{W}_{i\zeta} + b\varepsilon_{i\zeta}, \tag{5.19}$$

其中, $z_i = [z_{i,1}, z_{i,2}]^{\mathrm{T}}; b = [0,1]^{\mathrm{T}}; A_i = \begin{bmatrix} -c_{i,1} & 1 \\ -1 & -c_{i,2} \end{bmatrix}$. 此外, 式 (5.10) 也能表示如下

$$\dot{\tilde{W}}_{i\zeta} = \rho S_\zeta(x_i)b^{\mathrm{T}}z_i - \gamma \sum_{j=1}^{N} a_{ij}(\tilde{W}_{i\zeta} - \tilde{W}_{j\zeta}) - \sigma_i\rho\hat{W}_{i\zeta}. \tag{5.20}$$

注意到

$$\begin{bmatrix} \gamma \displaystyle\sum_{j=1}^{N} a_{ij}(\tilde{W}_{i\zeta} - \tilde{W}_{j\zeta}) \\ \vdots \\ \gamma \displaystyle\sum_{j=1}^{N} a_{Nj}(\tilde{W}_{N\zeta} - \tilde{W}_{j\zeta}) \end{bmatrix} = \gamma(\mathcal{L} \otimes I_l)\tilde{W}_\zeta,$$

其中, $\tilde{W}_\zeta = \begin{bmatrix} \tilde{W}_{1\zeta}^{\mathrm{T}} & \cdots & \tilde{W}_{N\zeta}^{\mathrm{T}} \end{bmatrix}$.

重写式 (5.19) 和式 (5.20) 为如下矩阵形式:

$$\begin{bmatrix} \dot{z} \\ \dot{\tilde{W}}_\zeta \end{bmatrix} = \begin{bmatrix} A & -\varPhi(z)^{\mathrm{T}} \\ \rho\varPhi(z) & -\gamma(\mathcal{L} \otimes I_{l_\zeta}) \end{bmatrix} \begin{bmatrix} Z \\ \tilde{W}_\zeta \end{bmatrix} + \begin{bmatrix} B\varepsilon_\zeta \\ \rho\varLambda\hat{W}_\zeta \end{bmatrix}, \tag{5.21}$$

其中, $A = \mathrm{diag}\{A_1, \cdots, A_N\}$; $B = \mathrm{diag}\{\overbrace{b, \cdots, b}^{N}\}$; $\Phi(z) = \mathrm{diag}\{S_\zeta(x_1)b^\mathrm{T}, \cdots,$
$S_\zeta(x_N)b^\mathrm{T}\}$; $\Lambda = \mathrm{diag}\{-\sigma_1 I_{l_\zeta}, \cdots, -\sigma_N I_{l_\zeta}\}$; $\varepsilon'_\zeta = [\varepsilon'_{1_\zeta}, \cdots, \varepsilon'_{N_\zeta}]^\mathrm{T}$; $\hat{W}_\zeta = [\hat{W}_{1_\zeta}^\mathrm{T}, \cdots,$
$\hat{W}_{N_\zeta}^\mathrm{T}]$.

　　因为 ε 和 σ_i 能任意小, 所以结合 $\hat{W}_{i_\zeta}$ 的有界性, 可以得出 $b\varepsilon_\zeta$ 和 $\rho\Lambda\hat{W}_\zeta$ 同样
能够小, 根据文献 [78] 中的引理 9.2 可知, 如果式 (5.21) 的标称部分, 即

$$
\begin{bmatrix} \dot{z} \\ \dot{\tilde{W}}_\zeta \end{bmatrix} = \begin{bmatrix} A & -\Phi(z)^\mathrm{T} \\ \rho\Phi(z) & -\gamma(\mathcal{L} \otimes I_{l_\zeta}) \end{bmatrix} \begin{bmatrix} Z \\ \tilde{W}_\zeta \end{bmatrix} \tag{5.22}
$$

是 ULES, 就能得到 $(z, \hat{W}_\zeta)$ 收敛到原点的一个小邻域. 基于 V 的有界性, 假设 2.1
很容易满足. 令 $P = \rho I_{Nl\zeta}$ 和 $Q = -\rho(A + A^\mathrm{T})$, 假设 2.2 也成立. 因此, 根据引
理 2.14, 为了证明式 (5.22) 是 ULES, 仅需要证明对于任意的 $t \geqslant t_0$, 下面的不等式
均成立:

$$
\int_t^{t+T_0} [\Phi(z(\tau))\Phi_\zeta(z(\tau))^\mathrm{T} + \gamma(\mathcal{L} \otimes I_{l_\zeta})]\mathrm{d}\tau \geqslant \eta I_{l_\zeta}, \tag{5.23}
$$

即

$$
\int_t^{t+T_0} [\Psi(x(\tau)) + \gamma(\mathcal{L} \otimes I_{l_\zeta})]\mathrm{d}\tau \geqslant \eta I_{l_\zeta}, \forall t \geqslant t_0,
$$

其中, η 是正常数,

$$
\Psi(x(t)) = \mathrm{diag}\{S_\zeta(x_1(t))S_\zeta(x_1(t))^\mathrm{T}, \cdots, S_\zeta(x_N(t))S_\zeta(x_N(t))^\mathrm{T}\}.
$$

由引理 2.9 可知,

$$
\int_t^{t+T_0} \sum_{i=1}^N S_\zeta(x_i(\tau))^\mathrm{T} d\tau \geqslant \eta I_{l_\zeta}, \forall t \geqslant t_0.
$$

　　根据引理 2.14 可知, 不等式 (5.23) 成立. 因此, z_i 和 $\tilde{W}_{i_\zeta}$ 指数收敛到 0 的一
些小邻域内. 这说明所有的权值向量 $\tilde{W}_{i_\zeta}$ 收敛到它们公共最优值 W_ζ 的小邻域内.
接下来, 将证明系统函数 $f(\cdot)$ 能被 RBF NN $S(x_i)^\mathrm{T}\hat{W}_i$ 精确逼近.

　　经过有限时间 T 后, 沿着 φ_ζ, 对所有的系统 $i = 1, \cdots, N, f(\cdot)$ 能表示如下:

$$
f(\varphi_\zeta) = S_\zeta(\varphi_\zeta)^\mathrm{T}W_\zeta + \varepsilon_{i_\zeta} = S_\zeta(\varphi_\zeta)^\mathrm{T}\hat{W}_{i_\zeta} + \varepsilon_{i_1\zeta},
$$

其中, $\varepsilon_{i_1\zeta} = \varepsilon_{i_\zeta} - S_\zeta(\varphi_\zeta)^\mathrm{T}\hat{W}_{i_\zeta} = O(\varepsilon_{i_\zeta}) = O(\varepsilon)$ 是引入 $S_\zeta(\varphi_\zeta)^\mathrm{T}\hat{W}_{i_\zeta}$ 后的实际误差.
因为 $\hat{W}_{i_\zeta}$ 指数收敛到 0 的小邻域内, 所以误差足够小.

此外, 由式 (5.10) 可得, $\dot{\hat{W}}_{i_{\bar{\zeta}}} = \rho\Phi_{\bar{\zeta}}z - \bar{L}\hat{W}_{\bar{\zeta}}$, 其中 $\bar{L} = \rho(\sigma \otimes I_{l_{\zeta}}) + \gamma\mathcal{L} \otimes I_{l_{\zeta}}$. 很明显, $\bar{L}$ 是对称正定矩阵. 因此,

$$\hat{W}_{\bar{\zeta}}(t) = e^{\bar{L}t}\hat{W}_{\bar{\zeta}}(0) + \rho\int_0^t e^{\bar{L}(t-\tau)}\Phi_{\bar{\zeta}}\left(z(\tau), \tilde{W}_{\bar{\zeta}}(\tau)\right)z(\tau)\mathrm{d}\tau,$$

其中, $\hat{W}_{\bar{\zeta}}(0) = 0$. 根据 RBFNN 的局部特性可知, $\|S_{\bar{\zeta}}(\varphi_{\zeta})\|$ 可以足够小, 因为 $\|\Phi_{\bar{\zeta}}\|$ 也可以非常小, 进而 $\rho\int_0^t e^{\bar{L}(t-\tau)}\Phi_{\bar{\zeta}}(z(\tau), \tilde{W}_{\bar{\zeta}}(\tau))z(\tau)\mathrm{d}\tau$ 也很小. 综上所述, $\hat{W}_{\bar{\zeta}}$ 是非常小的. 因此, 对 $\forall i \neq k, \hat{W}_i$ 和 $\hat{W}_k$ 的最终值几乎相等. 因此, 沿着轨迹 φ_{ζ}, RBFNN $S(\cdot)^{\mathrm{T}}\hat{W}_i$ 能逼近未知函数 $f(\cdot)$, 即

$$\begin{aligned}
f(\varphi_{\zeta}) &= S_{\zeta}(\varphi_{\zeta})^{\mathrm{T}}W_{\zeta} + \varepsilon_{i_{1_{\zeta}}}\\
&= S_{\zeta}(\varphi_{\zeta})^{\mathrm{T}}\hat{W}_{i_{\zeta}} + S_{\zeta}(\varphi_{\zeta})^{\mathrm{T}}\hat{W}_{i_{\bar{\zeta}}} + \varepsilon_{i_{1_{\zeta}}} - S_{\zeta}(\varphi_{\zeta})^{\mathrm{T}}\hat{W}_{i_{\bar{\zeta}}}\\
&= S_{\zeta}(\varphi_{\zeta})^{\mathrm{T}}\hat{W}_{i_{\zeta}} + \varepsilon_{i_1}\\
&= S_{\zeta}(\varphi_{\zeta})^{\mathrm{T}}\bar{W}_{i_{\zeta}} + S_{\bar{\zeta}}(\varphi_{\zeta})^{\mathrm{T}}\bar{W}_{i_{\bar{\zeta}}} + \varepsilon_{i_2}\\
&= S(\varphi_{\zeta})^{\mathrm{T}}\bar{W}_i + \varepsilon_{i_2},
\end{aligned}$$

其中, $\varepsilon_{i_1} = \varepsilon_{i_{1_{\zeta}}} - S_{\zeta}(\varphi_{\zeta})^{\mathrm{T}}\hat{W}_{i_{\bar{\zeta}}} = O(\varepsilon_{i_{1_{\zeta}}}) = O(\varepsilon_{i_1})$ 和 $\varepsilon_{i_2} = O(\varepsilon_{i_1})$ 很小. 因此, $S(\cdot)^{\mathrm{T}}\bar{W}_i$ 沿着轨迹 φ_{ζ} 能够精确逼近未知函数 $f(\cdot)$. □

注 5.2   相比较确定性学习, 证明定理5.1的主要难点是增加了合作项. 例如, 由于合作项 $-\gamma(\mathcal{L} \otimes I_{l_{\zeta}})$ 在式 (5.22) 中出现, 回归矩阵 $-\Phi(z)$ 仅需要满足合作 PE 条件 [式 (5.23)], 以代替传统的 PE 条件. 事实上, 式 (5.23) 是由式 (2.26) 推理过来的, 这意味着所有的 $S_{\zeta}(x_i(t))$ 满足合作 PE 条件, 这样就将传统的 PE 条件弱化为合作 PE 条件.

事实上, 如果式 (5.10) 中的参数 γ 选择为 0, 那么式 (5.10) 变为

$$\dot{\hat{W}}_i = \rho[S(x_i)z_{i,2} - \sigma_i\hat{W}_i], \tag{5.24}$$

这就是分散式学习律.

基于确定性学习理论[79], 能够很容易的获得如下的结论 (实际上, 它是定理 5.1 的一个推论).

推论 5.1 考虑由式 (5.1)、式 (5.2)、式 (5.7) 和式 (5.24) 组成的闭环系统. 对于任意的始于初始条件 $x_{d_i}(0) \in \Omega_{d_i}$ 的周期或类周期的参考轨迹 φ_{d_i}, 且 $x_i(0)$ 在紧集 Ω_{i0} 上. 令 $\hat{W}_i(0) = 0$, 可得到如下结论:

(1) 所有闭环系统中的信号保持 UUB;

(2) 通过选择合适的参数, 状态跟踪误差 $x_i - x_{d_i}$ 指数收敛到原点的小邻域;

(3) 在轨迹 φ_{ζ_i} 上, NN 权值估计 $\hat{W}_{i\zeta}(i = 1, \cdots, N)$ 收敛到它自己的最优权值 W_{ζ_i} 的一个小邻域内; 并且, 对于未知函数 $f(\cdot)$, 在期望的误差水平 ε 下, 获得了 N 个逼近器 $S(x_i)^{\mathrm{T}} \bar{W}_i$.

注 5.3 由分布式方法获得 NN 学习模型在联合轨迹 φ_ζ 上是最优的, 但利用传统的分散式方法得到的 NN 权值仅仅是在各自的局部状态轨迹 φ_{ζ_i} 域上是最优的. 例如, 对于三个二阶的系统, 基于定理5.1, 如图 5.1(a) 所示, 由 DCL 策略获得的权值估计 $\hat{W}_i(i = 1, 2, 3)$ 的 NN 逼近域全是相同的; 但如果采用分散式学习 (decentralized learning, DL) 策略, 图 5.1(b) 则与 5.1(a) 完全不同. 相比较 DL 策略, 对于相同的设计参数, DCL 策略并不具有更快的收敛速度和更小的收敛精度. 因此, 对于每一个系统, 这就需要更长的调节或响应时间, 进而减缓了收敛速度. 此外, 对于相同的 NN, 由更大的 NN 逼近域也就导致了更大的 NN 逼近误差. 但正如定理5.1所示, 能够通过选择合适的参数和神经元个数来减小逼近误差和提高精确度.

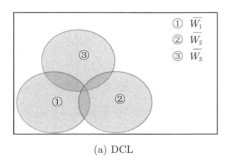 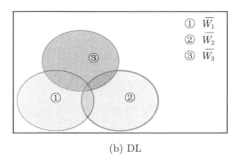

(a) DCL (b) DL

图 5.1 逼近域

5.1.4 利用经验的学习控制

本小节进一步讨论学习到的 NN 控制模型的控制性能. 文献 [79] 指出学习控

制系统能够通过闭环系统的动态和环境的内在联系改善它的性能.

首先, 考虑如下与式 (5.1) 具有相同的系统函数的二阶非线性系统:

$$\begin{cases} \dot{\mathcal{X}}_1 = \mathcal{X}_2, \\ \dot{\mathcal{X}}_2 = f(\mathcal{X}) + u, \end{cases} \tag{5.25}$$

其中, $\mathcal{X} = [\mathcal{X}_1, \mathcal{X}_2]^{\mathrm{T}} \in \mathbb{R}^2$ 和 $u \in \mathbb{R}$ 分别是状态向量和控制输入. 给定有界参考模型:

$$\begin{cases} \dot{\mathcal{X}}_{d_1} = \mathcal{X}_{d_2}, \\ \dot{\mathcal{X}}_{d_2} = g_d(\mathcal{X}_d, t), \end{cases} \tag{5.26}$$

其中, $\mathcal{X}_d = [\mathcal{X}_1, \mathcal{X}_2]^{\mathrm{T}} \in \mathbb{R}^2$ 是状态向量; $g_d(\mathcal{X}_d, t)$ 是已知的非线性连续函数, 并确保生成一个落在轨迹 φ_d 的小邻域内的轨迹 $\phi_d(\mathcal{X}_d(0))$.

目标是利用 DCL 策略学习到的知识 $S(\cdot)^{\mathrm{T}} \bar{W}_i (i = 1, \cdots, N)$ 设计控制器使得闭环系统中的所有信号都是 UUB, 并使状态跟踪误差 $\mathcal{X} - \mathcal{X}_d$ 指数收敛到原点的一个小邻域内.

为了实现控制目标, 利用前面学习到的 RBF NN 模型 $S(\cdot)^{\mathrm{T}} \bar{W}_i$ 设计如下控制器:

$$u = -z_1 - c_2 z_2 - S(\mathcal{X})^{\mathrm{T}} \bar{W}_i + \dot{\alpha}, \tag{5.27}$$

其中, $z_1, z_2, \alpha, \dot{\alpha}$ 的定义分别类似于式 (5.5)、式 (5.6)、式 (5.8) 和式 (5.9), 利用类似于文献 [79] 中定理 4 的证明, 容易得到下面定理. 该定理体现了利用前面式 (5.10) 学到的 NN 权值 $\bar{W}_i$ 得到的闭环系统的稳定性和控制性能.

定理 5.2 考虑由式 (5.25)、式 (5.26) 和带有定理5.1中给出的 NN 权值 $\bar{W}_i$ 的控制器 [式 (5.27)] 组成的闭环系统. 初始条件为 $\mathcal{X}_d(0)$, 保证参考轨迹 $\phi_d(\mathcal{X}_d(0))$ 在轨迹 $\varphi_d = \varphi_{d_1} \cup \cdots \cup \varphi_{d_N}$ 的一个小邻域内. 闭环系统中的所有信号都是 UUB, 且状态跟踪误差 $\mathcal{X} - \mathcal{X}_d$ 指数收敛到原点的一个小邻域内.

证明 类似于文献 [79] 中定理 4, 可以容易地证明该定理, 不同的仅仅是证明时使用学到的知识 $S(\mathcal{X})^{\mathrm{T}} \bar{W}_i$ 沿着轨迹 φ_d 精确逼近未知函数 $f(\mathcal{X})$. □

5.2 基于事件驱动与自适应 NN 的分布式合作学习控制

本节利用一组二阶 NN 控制系统来说明基于事件驱动的 DCL 机制.

5.2.1 问题描述

考虑如下形式的一组二阶系统:

$$
\begin{cases}
\dot{x}_{i1} = x_{i2}, \\
\dot{x}_{i2} = f(x_i) + u_i, \quad i = 1, \cdots, N,
\end{cases}
\tag{5.28}
$$

其中, u_i 和 $x_i = [x_{i1}, x_{i2}]^{\mathrm{T}} \in \mathbb{R}^2$ 分别是系统 i 的输入和状态; N 是二阶系统的数量. $f(x_i) : \mathbb{R}^2 \to \mathbb{R}$ 是未知的非线性函数, 它代表系统结构. 例如, 在实践中, 控制一组相同的移动机器人执行不同的任务. 在本小节中, 每个如式 (5.28) 所示的系统在通信网络上充当节点 (也称为 "智能体"). 需要注意的是, $f(\cdot)$ 对于每个节点都是相同的, 它可以由包含所有系统轨迹的逼近域上的 RBF NN 来逼近. 对于每个系统, $f(x_i)$ 可以被逼近如下:

$$
f(x_i) = S(x_i)^{\mathrm{T}} W_i + \epsilon_i(x_i).
\tag{5.29}
$$

考虑如下的一组参考模型:

$$
\begin{cases}
\dot{y}_{i1} = y_{i2} \\
\dot{y}_{i2} = f_d(y_i), \quad i = 1, \cdots, N,
\end{cases}
\tag{5.30}
$$

其中, $y_i = [y_{i1}, y_{i2}]^{\mathrm{T}} \in \mathbb{R}^2$ 是状态向量; $f_d(\cdot)$ 是已知的光滑函数. 通常假设所有参考信号都是有界的, 即对于所有 $t \geqslant t_0, y_i \in \Omega_{y_i}$, 其中 Ω_{y_i} 是一个紧集. 记 φ_{y_i} 为从初始状态 $y_i(0)$ 开始的第 i 个参考模型的轨迹, 且 $\varphi_y = \varphi_{y_1} \cup \cdots \cup \varphi_{y_N}$ 表示所有参考轨迹的并集. 接下来, 需要设计适当的控制输入 $u_i(i = 1, \cdots, N)$, 使得 x_i 可以跟踪参考信号, 提出如下自适应控制器:

$$
u_i = -z_{i1} - c_{i2} z_{i2} - S^{\mathrm{T}}(x_i)\hat{W}_i + \dot{\alpha}_i,
\tag{5.31}
$$

其中, $\hat{W}_i$ 是 W_i 的估计值, 且

$$z_{i1} = x_{i1} - y_{i1}, \tag{5.32}$$

$$z_{i2} = x_{i2} - \alpha_i, \tag{5.33}$$

$$\alpha_i = -c_{i1}z_{i1} + \dot{y}_{i1} = -c_{i1}z_{i1} + y_{i2}, \tag{5.34}$$

$$\dot{\alpha}_i = -c_{i1}(-c_{i1}z_{i1} + z_{i2}) + f_d(y_i), \tag{5.35}$$

其中, $c_{i1}, c_{i2} > 0$ 是控制增益.

如上所述, 每个节点的 $f(\cdot)$ 是相同的. 因此, 每个节点可以与其相邻节点共享 NN 权重估计. 在工程中, 数据通过数字通信网络传输, 连续通信不适用于 DCL 策略, 故提出一种基于事件驱动的通信方案来克服这个缺点.

5.2.2　事件驱动通信

在事件驱动通信的情况下, 节点 i 间断地将它的 NN 权值估计 $\hat{W}_i$ 发送给它的邻居节点. 基于本地权值信息, 节点 i 决定何时将其当前估计值 $\hat{W}_i$ 发送给其相邻节点. 记节点 i 最新发送的 NN 权值估计为 $\hat{W}_i(t_{k_i}^i)$, 最新接收到的来自其邻居的 NN 权值记为 $\hat{W}_j(t_{k_j}^j), j \in \mathcal{N}_i$, 其中 $t_{k_i}^i$ 和 $t_{k_j}^j (k_i, k_j = 1, 2, \cdots)$ 分别是节点 i 和 j 的事件发生时刻. 需要注意的是, 传播权值 $\hat{W}_i(t_{k_i}^i)$ 在时间间隔 $[t_{k_i}^i, t_{k_i+1}^i)$ 内保持不变.

对于每个节点 i, 定义 NN 权值的事件驱动误差如下:

$$e_{w_i} = \hat{W}_i(t_{k_i}^i) - \hat{W}_i(t).$$

注意: 事件驱动误差 e_{w_i} 在事件驱动时刻重置为零. 定义一个事件驱动函数如下:

$$H_i(t, e_{w_i}) = \|e_{w_i}\|^2 - (\mu_0 + \mu_1 \mathrm{e}^{-\alpha t}),$$

其中, $\mu_0 > 0$, $\mu_1 \geqslant 0$ 和 $\alpha > 0$ 是设计参数. 当驱动函数满足以下条件时,

$$H_i(t, e_{w_i}) > 0, \tag{5.36}$$

节点 i 就会将它的 NN 权值估计值 $\hat{W}_i$ 传播给它的邻居. 因此, 关于节点 i 的事件发生时刻序列 $0 < t_0^i < t_1^i < \cdots$ 被定义为 $t_{k_i+1}^i = \inf\{t : t > t_{k_i}^i, H_i(t, e_{w_i}) > 0\}$. 为了进一步分析, 需要以下假设.

假设 5.2 通信网络是理想的, 即不考虑网络丢包、网络延迟和计算延迟.

对所有节点提出基于事件驱动的 NN 权值学习律如下:

$$\dot{\hat{W}}_i = \Gamma(z_{i2}S(x_i) - \sigma_i\hat{W}_i) - \gamma \sum_{j \in \mathcal{N}_i} a_{ij}(\hat{W}_i(t_{k_i}^i) - \hat{W}_j(t_{k_j}^j)),$$

$$i = 1, \cdots, N, \tag{5.37}$$

其中, $\Gamma, \gamma > 0$ 是设计参数; a_{ij} 是图 $\mathcal{G}$ 的邻接矩阵 $\mathcal{A}$ 的元素; σ_i 是小的正常数, $\sigma_i\hat{W}_i$ 是 σ-修正项; 对于节点 i, 最后一项 $-\gamma \sum_{j \in \mathcal{N}_i} a_{ij}(\hat{W}_i(t_{k_i}^i) - \hat{W}_j(t_{k_j}^j))$ 用于向其邻居学习.

注 5.4 式 (5.37) 的最后一项 $-\gamma \sum_{j \in \mathcal{N}_i} a_{ij}(\hat{W}_i(t_{k_i}^i) - \hat{W}_j(t_{k_j}^j))$ 仅在驱动时刻更新, 这与文献[12]中的 NN 权值更新律不同.

此外, 将 NN 权值估计误差定义为 $\tilde{W}_i = \hat{W}_i - W$, $\tilde{W}_i$ 的导数可以表示为

$$\begin{aligned}
\dot{\tilde{W}}_i =& \Gamma\big(z_{i2}S(x_i) - \sigma_i\hat{W}_i\big) - \gamma \sum_{j \in \mathcal{N}_i} a_{ij}\big(\hat{W}_i(t_{k_i}^i) - \hat{W}_j(t_{k_j}^j)\big) \\
=& \Gamma\big(z_{i2}S(x_i) - \sigma_i\hat{W}_i\big) \\
& - \gamma \sum_{j \in \mathcal{N}_i} a_{ij}\big((e_{w_i} - e_{w_j}) + (\tilde{W}_i - \tilde{W}_j)\big).
\end{aligned} \tag{5.38}$$

注意: W 是所有节点的最优 NN 权值向量. 下面讨论如何确保 $\hat{W}_i$ 在事件驱动的情况下收敛到其最优权值向量.

5.2.3 稳定性分析

为了便于描述主要结论, 采用和 3.4.3 小节类似的记号:

(1) φ_{x_i} 表示从 $x_i(T_0)$ 开始的系统 i 的轨迹, 联合轨迹 $\varphi_x = \varphi_{x_1} \cup \cdots \cup \varphi_{x_N}$, 其中 T_0 是一个有限时间;

(2) $(\cdot)_{i_\zeta}$ 和 $(\cdot)_{i_{\bar{\zeta}}}$ 分别表示 $(\cdot)_i$ 接近和远离联合轨迹 φ_x 的部分;

(3) $(\cdot)_\zeta$ 和 $(\cdot)_{\bar{\zeta}}$ 分别表示 $(\cdot)$ 接近和远离联合轨迹并集 φ_x 的部分.

定理 5.3　假设通信拓扑结构 $\mathcal{G}$ 是无向连通的. 考虑由式 (5.28)、式 (5.30)、式 (5.31) 和带有事件驱动条件 [式 (5.36)] 的 NN 权值更新律 [式 (5.37)] 构成的闭环系统. 对于具有初始条件 $y_i(0) \in \Omega_{y_i}, x_i(0) \in \Omega_{x_i}$ (其中 Ω_{y_i} 和 Ω_{x_i} 是紧集) 的任意周期轨迹 $\varphi_{y_i}(i = 1, \cdots, N)$, 且 $\hat{W}_i(0) = 0$, 有以下结论均成立:

(1) 闭环系统中的所有信号保持有界;

(2) 通过适当地选择设计参数, 状态跟踪误差 $\tilde{x}_i = x_i - y_i$ 指数收敛到零的小邻域;

(3) 函数 $f(\cdot)$ 沿着轨迹 φ_x 的 N 个局部逼近器在期望的误差水平 ϵ 下通过 $S(\cdot)\bar{W}_i(i = 1, \cdots, N)$ 得到, 且权值估计误差 $\tilde{W}_{i_\zeta}$ 收敛到零的小邻域内;

(4) 连续事件之间的最小时间间隔是可以得到保证的, 即 Zeno 行为可以被排除.

证明　(1) z_{i1} 和 z_{i2} 的导数可以写成

$$\dot{z}_{i1} = \dot{x}_{i1} - \dot{y}_{i1} = x_{i2} - y_{i2} = -c_{i1}z_{i1} + z_{i2}, \tag{5.39}$$

$$\dot{z}_{i2} = \dot{x}_{i2} - \dot{\alpha}_i = f(x_i) + u_i - \dot{\alpha}_i$$

$$= -z_{i1} - c_{i2}z_{i2} - S(x_i)^{\mathrm{T}}\tilde{W}_i + \epsilon_i. \tag{5.40}$$

考虑 Lyapunov 函数

$$V = \frac{1}{2}\sum_{i=1}^{N}(z_{i1}^2 + z_{i2}^2) + \frac{1}{2\Gamma_i}\sum_{i=1}^{N}\tilde{W}_i^{\mathrm{T}}\tilde{W}_i. \tag{5.41}$$

V 的导数是

$$\dot{V} = \sum_{i=1}^{N}(z_{i1}\dot{z}_{i1} + z_{i2}\dot{z}_{i2}) + \frac{1}{\Gamma}\sum_{i=1}^{N}\tilde{W}_i^{\mathrm{T}}\dot{\tilde{W}}_i. \tag{5.42}$$

将式 (5.38)~ 式 (5.40) 代入式 (5.42), 可得

$$\dot{V} = \sum_{i=1}^{N}(-c_{i1}z_{i1}^2 - c_{i2}z_{i2}^2 + z_{i2}\epsilon_i) - \sum_{i=1}^{N}\sigma_i\tilde{W}_i^{\mathrm{T}}\hat{W}_i$$

$$- \frac{\gamma}{\Gamma}\sum_{i=1}^{N}\tilde{W}^{\mathrm{T}}(\mathcal{L}\otimes I_l)e_w - \frac{\gamma}{\Gamma}\sum_{i=1}^{N}\tilde{W}^{\mathrm{T}}(\mathcal{L}\otimes I_l)\tilde{W}$$

$$\leqslant \sum_{i=1}^{N} (-c_{i1}z_{i1}^2 - c_{i2}z_{i2}^2 + z_{i2}\epsilon_i) - \sum_{i=1}^{N} \sigma_i \tilde{W}_i^{\mathrm{T}} \hat{W}_i$$

$$- \frac{\gamma}{\Gamma} \sum_{i=1}^{N} \tilde{W}^{\mathrm{T}} (\mathcal{L} \otimes I_l) e_w, \tag{5.43}$$

其中, $\tilde{W} = [\tilde{W}_1^{\mathrm{T}}, \cdots, \tilde{W}_N^{\mathrm{T}}]^{\mathrm{T}}$; $e_w = [e_{w_1}^{\mathrm{T}}, \cdots, e_{w_N}^{\mathrm{T}}]^{\mathrm{T}}$. 因此,

$$\sum_{i=1}^{N} z_{i2}\epsilon_i \leqslant \sum_{i=1}^{N} \frac{c_{i2}}{2} z_{i2}^2 + \sum_{i=1}^{N} \frac{1}{2c_{i2}} \|\epsilon\|^2, \tag{5.44}$$

$$-\sum_{i=1}^{N} \sigma_i \tilde{W}_i^{\mathrm{T}} \hat{W}_i \leqslant -\frac{\sigma_i}{2} \sum_{i=1}^{N} \tilde{W}_i^{\mathrm{T}} \tilde{W}_i + \sum_{i=1}^{N} \frac{\sigma_i}{2} \|W\|^2, \tag{5.45}$$

$$-\gamma \tilde{W}^{\mathrm{T}} (\mathcal{L} \otimes I_l) e_w \leqslant \frac{\sigma}{4} \tilde{W}^{\mathrm{T}} \tilde{W} + \frac{\gamma^2}{\Gamma^2 \sigma} e_w^{\mathrm{T}} (\mathcal{L} \otimes I)^{\mathrm{T}} (\mathcal{L} \otimes I) e_w. \tag{5.46}$$

进一步, 可得

$$\dot{V} \leqslant -\rho V + \nu + \frac{\gamma^2 \lambda_{\max}(\mathcal{L})}{\Gamma^2 \sigma} \|e_w\|^2,$$

其中, $\sigma = \min\{\sigma_1, \cdots, \sigma_N\}$; $\rho = \min\limits_{i=1,\cdots,N} \left\{ 2c_{i1}, c_{i2}, \frac{\Gamma \sigma}{2} \right\}$; $\nu = \sum\limits_{i=1}^{N} \frac{\sigma_i}{2} \|W\|^2 + \sum\limits_{i=1}^{N} \frac{1}{2c_{i2}} \|\epsilon\|^2$. 因为事件驱动条件要求 $\|e_{w_i}\|^2 < \mu_0 + \mu_1 \mathrm{e}^{-\alpha t}$, 所以

$$\dot{V} \leqslant -\rho V + \nu + \iota,$$

其中, $\iota = \dfrac{N \gamma^2 \lambda_{\max}(\mathcal{L})}{\Gamma^2 \sigma} (c_0 + c_1)$. 进而, 式 (5.41) 满足

$$V(t) \leqslant V(0) \mathrm{e}^{-\rho t} + \frac{\nu + \iota}{\rho}. \tag{5.47}$$

由式 (5.47) 可得, z_{i1}, z_{i2} 和 $\tilde{W}_i$ 是有界的. 因此, x_{i1}, x_{i2} 和 $\hat{W}_i$ 也是有界的. 从而, 闭环系统中的所有信号是有界的.

(2) 考虑以下 Lyapunov 函数:

$$V_1 = \frac{1}{2} \sum_{i=1}^{N} (z_{i1}^2 + z_{i2}^2).$$

V_1 的导数是

$$\dot{V}_1 = \sum_{i=1}^{N} (c_{i1} z_{i1}^2 - c_{i1} z_{i2}^2 - z_{i2} S(x_i)^{\mathrm{T}} \tilde{W}_i + z_{i2} \epsilon_i). \tag{5.48}$$

令 $c_{i1} = c_{i2,1}, c_{i2} = c_{i2,1} + 2c_{i2,2}(c_{i2,1}, c_{i2,2} > 0)$. 由

$$-c_{i2,2} z_{i2} - z_{i2} S(x_i)^{\mathrm{T}} \tilde{W}_i \leqslant \frac{\|S(x_i)\|^2 \|\tilde{W}_i\|^2}{4c_{i2,2}} \leqslant \frac{s^{*2} w^{*2}}{4c_{i2,2}},$$

$$-c_{i2,2} z_{i2} + z_{i2} \epsilon_i \leqslant \frac{\epsilon_i^2}{4c_{i2,2}} \leqslant \frac{\epsilon^2}{4c_{i2,2}},$$

可得

$$\dot{V}_1 \leqslant -c_{\min} \sum_{i=1}^{N} (z_{i1}^2 + z_{i2}^2) + \sum_{i=1}^{N} \left(\frac{s^{*2} w^{*2}}{4c_{i2,2}} + \frac{\epsilon^2}{4c_{i2,2}} \right),$$

其中, $c_{\min} = \min\{c_{11}, \cdots, c_{N1}\}, s^*$ 和 w^* 分别是 $\|S(x_i)\|$ 和 $\|\tilde{W}_i\|$ 的上界. 记

$$\varrho = \sum_{i=1}^{N} \left(\frac{s^{*2} w^{*2}}{4c_{i2,2}} + \frac{\epsilon^2}{4c_{i2,2}} \right), \tag{5.49}$$

可得下面的不等式:

$$\dot{V}_1 \leqslant -2c_{\min} V_1 + \varrho.$$

再令 $\delta = \varrho / 2c_{\min}$, 然后可以得到

$$V(t) \leqslant V(0) \mathrm{e}^{-2c_{\min} t} + \delta. \tag{5.50}$$

由式 (5.49) 可知, ϱ 可以通过选择大的 $c_{i2,2}$ 而变得足够小. 因此, z_{i1} 和 z_{i2} 在一段时间 T_0 后指数收敛到零的小邻域内. 因此, 通过选择大的 $c_{i2,2}$, $\tilde{x}_i$ 在时间 T_0 之后指数收敛到零的一个小邻域内.

(3) 基于 RBF NN 的性质, 类似于式 (2.4), $f(x_i)$ 可以沿着联合轨迹 φ_x 被逼近如下:

$$f(x_i) = S_\zeta(x_i)^{\mathrm{T}} W_{i\zeta} + \epsilon_{i\zeta}.$$

经过时间 T_0 后, 式 (5.38) 和式 (5.40) 可以分别表示为

$$\dot{\tilde{W}}_{i\zeta} = \Gamma \left(z_{i2} S_\zeta(x_i) - \sigma_i \hat{W}_{i\zeta} \right)$$
$$- \gamma \sum_{j \in \mathcal{N}_i} a_{ij} \left((e_{w_{i\zeta}} - e_{w_{j\zeta}}) + (\tilde{W}_{i\zeta} - \tilde{W}_{j\zeta}) \right), \tag{5.51}$$

$$\dot{z}_{i2} = -z_{i1} - c_{i2}z_{i2} - S_\zeta(x_i)^{\mathrm{T}}\tilde{W}_{i_\zeta} + \epsilon'_{i_\zeta},\tag{5.52}$$

其中, $\epsilon'_{i_\zeta} = \epsilon_{i_\zeta} - S_{\bar\zeta}(x_i)^{\mathrm{T}}\hat{W}_{i_\zeta} = O(\epsilon_{i_\zeta})$. 结合式 (5.39)、式 (5.51) 和式 (5.52), 闭环系统可以写成

$$
\begin{bmatrix} \dot{z} \\ \dot{\tilde{W}}_\zeta \end{bmatrix} =
\begin{bmatrix} A & -\Phi(x)^{\mathrm{T}} \\ \Gamma\Phi(x) & -\gamma(\mathcal{L} \otimes I_{l_\zeta}) \end{bmatrix}
\begin{bmatrix} z \\ \tilde{W}_\zeta \end{bmatrix} \\
+ \begin{bmatrix} \epsilon'_\zeta \\ \Gamma\Lambda\hat{W}_\zeta + \gamma(\mathcal{L} \otimes I_{l_\zeta})e_w \end{bmatrix},\tag{5.53}
$$

其中, $z = [z_1^{\mathrm{T}}, \cdots, z_N^{\mathrm{T}}]$, $z_i = [z_{i1}\ \ z_{i2}]^{\mathrm{T}}$; $\tilde{W}_\zeta = [\tilde{W}_{1_\zeta}^{\mathrm{T}}, \cdots, \tilde{W}_{N_\zeta}^{\mathrm{T}}]^{\mathrm{T}}$; $\Phi(x) = \mathrm{diag}\{S_\zeta(x_1)$ $b^{\mathrm{T}}, \cdots, S_\zeta(x_N)b^{\mathrm{T}}\}$, $\epsilon'_\zeta = [\epsilon_{1_\zeta}b^{\mathrm{T}}, \cdots, \epsilon_{N_\zeta}b^{\mathrm{T}}]^{\mathrm{T}}$, $b = [0\ ,\ 1]^{\mathrm{T}}$; $\Lambda = \mathrm{diag}\{\sigma_1 I_{l_\zeta}, \cdots, \sigma_N I_{l_\zeta}\}$; $A = \mathrm{diag}\{A_1, \cdots, A_N\}$, 且

$$A_i = \begin{bmatrix} -c_{i1} & 1 \\ -1 & -c_{i2} \end{bmatrix}.$$

从驱动条件 [式 (5.36)] 可知, 如果设计参数 μ_0 非常小, 那么 $\gamma(\mathcal{L} \otimes I_{l_\zeta})e_w$ 在有限时间 T(由 α 和 μ_1 确定) 之后将变得非常小. 根据 (1) 中的分析, $\hat{W}_\zeta$ 是有界的, 那么通过选择较小的 σ_i, $\Gamma\Lambda\hat{W}_\zeta$ 也会很小.

根据引理 2.10, $S_\zeta(x_i)$ 满足合作 PE 条件. 此外, 基于引理 2.17, 式 (5.53) 的标称部分是 ULES. 那么, z 和 $\tilde{W}_\zeta$ 收敛到零的一个小邻域内.

根据式 (5.37), 对于远离联合轨迹 φ_x 的神经元, 有

$$
\begin{aligned}
\dot{\hat{W}}_{i_\zeta} = {} & \Gamma(z_{i2}S_{\bar\zeta}(x_i) - \sigma_i\hat{W}_{i_\zeta}) \\
& - \gamma\sum_{j\in\mathcal{N}_i} a_{ij}(\hat{W}_{i_\zeta}(t_{k_i}^i) - \hat{W}_{j_\zeta}(t_{k_j}^j)).
\end{aligned}\tag{5.54}
$$

考虑 RBF NN 的局部性质, $S_{\bar\zeta}(x_i)$ 将会变得非常小. 注意到初始条件 $\hat{W}_{i_\zeta} = \hat{W}_{j_\zeta} = 0$, 因此 $\hat{W}_{i_\zeta}$ 只需稍做更新, 并保持很小. 这就意味着 $S_{\bar\zeta}(x_i)^{\mathrm{T}}\hat{W}_{i_\zeta}$、$S_{\bar\zeta}(x_i)^{\mathrm{T}}\overline{W}_{i_\zeta}$、$S_{\bar\zeta}(\varphi_x)^{\mathrm{T}}\hat{W}_{i_\zeta}$ 和 $S_{\bar\zeta}(\varphi_x)^{\mathrm{T}}\overline{W}_{i_\zeta}$ 也很小. 沿着联合轨迹 φ_x, 经过有限时间 T_1 之后, 未

知的非线性函数 $f(\cdot)$ 可逼近为

$$
\begin{aligned}
f(\varphi_x) &= S_\zeta(\varphi_x)^{\mathrm{T}} W_\zeta + \epsilon_\zeta \\
&= S_\zeta(\varphi_x)^{\mathrm{T}} \hat{W}_{i\zeta} + \epsilon_{i_{\zeta_1}} \\
&= S_\zeta(\varphi_x)^{\mathrm{T}} \hat{W}_{i\zeta} + S_{\bar\zeta}(\varphi_x)^{\mathrm{T}} \hat{W}_{i\bar\zeta} + \epsilon_{i_{\zeta_1}} - S_{\bar\zeta}(\varphi_x)^{\mathrm{T}} \hat{W}_{i\bar\zeta} \\
&= S_\zeta(\varphi_x)^{\mathrm{T}} \hat{W}_i + \epsilon_{i_1} \\
&= S_\zeta(\varphi_x)^{\mathrm{T}} \overline{W}_{i\zeta} + \epsilon_{i_{\zeta_2}} \\
&= S_\zeta(\varphi_x)^{\mathrm{T}} \overline{W}_{i\zeta} + S_{\bar\zeta}(\varphi_x)^{\mathrm{T}} \overline{W}_{i\bar\zeta} + \epsilon_{i_{\zeta_1}} - S_{\bar\zeta}(\varphi_x)^{\mathrm{T}} \overline{W}_{i\bar\zeta} \\
&= S_\zeta(\varphi_x)^{\mathrm{T}} \overline{W}_i + \epsilon_{i_2},
\end{aligned}
\tag{5.55}
$$

其中, $\epsilon_{i_{\zeta_1}} = \epsilon_\zeta - S_\zeta(\varphi_x)^{\mathrm{T}} \tilde{W}_\zeta$, $\epsilon_{i_1} = \epsilon_{i_{\zeta_1}} - S_{\bar\zeta}(\varphi_x)^{\mathrm{T}} \hat{W}_{i\bar\zeta}$, $\epsilon_{i_2} = \epsilon_{i_{\zeta_1}} - S_{\bar\zeta}(\varphi_x)^{\mathrm{T}} \overline{W}_{i\bar\zeta}$ 和 $\epsilon_{i_{\zeta_2}}$ 都是很小的值, 代表逼近误差. 因此, $S_\zeta(\cdot)^{\mathrm{T}} \overline{W}_i$ 在时间 T_1 后沿着轨迹 φ_x 逼近未知函数 $f(\cdot)$.

(4) 为了避免 Zeno 行为, 需要保证两个相邻事件之间存在一个最小的时间间隔.

不失一般性, 假设节点 i 在 $t_{k_i}^i \geqslant 0$ 时刻被驱动. 显然, 可以得出 $e_{w_i}(t_{k_i}^i) = 0$. e_{w_i} 在两个相邻事件之间的导数是 $\dot{e}_{w_i} = \dot{\hat{W}}_i = \vartheta$, 其中,

$$
\vartheta = \Gamma(z_{i2} S(x_i) - \sigma_i \hat{W}_i) - \gamma \sum_{j \in \mathcal{N}_i} a_{ij}(\hat{W}_i(t_{k_i}^i) - \hat{W}_j(t_{k_j}^j)).
$$

因此,

$$
\|e_{w_i}(t)\| \leqslant \int_{t_{k_i}^i}^{t} \|\vartheta(s)\| \mathrm{d}s,
\tag{5.56}
$$

其中, $t \in [t_{k_i}^i, t_{k_i+1}^i)$. 根据 (1), 闭环系统的所有信号是有界的. 对于所有的 $i \in \{1, \cdots, N\}$, 假设 $\|\hat{W}_i\| \leqslant \phi_w, \|z_{i2}\| \leqslant Z_2$, 可得

$$
\begin{aligned}
\|\vartheta\| \leqslant &\Gamma(\|z_{i2} S(x_i)\| + \|\sigma_i \hat{W}_i\|) \\
&+ \gamma \| \sum_{j \in \mathcal{N}_i} a_{ij}(\hat{W}_i(t_{k_i}^i) - \hat{W}_j(t_{k_j}^j)) \|
\end{aligned}
$$

$$\leqslant \Gamma(\sqrt{l}s(0)Z_2 + \sigma_i\phi_w) + 2\gamma|\mathcal{N}_i|\phi_w$$
$$= \bar{\vartheta}. \tag{5.57}$$

结合式 (5.56) 可知, 对于 $t \in [t_{k_i}^i, t_{k_i+1}^i)$, $\|e_{w_i}(t)\| \leqslant \bar{\vartheta}(t - t_{k_i}^i)$. 由驱动条件 [式 (5.36)] 可知, 下一个事件在 $\|e_{w_i}(t)\| = \sqrt{\mu_0}$ 之前将不会被驱动. 因此, 可以得到两个相邻事件之间的最小时间间隔 $\tau_0 = \sqrt{\mu_0}/\bar{\vartheta}$, 即可以排除 Zeno 现象. □

注 5.5 定理5.3(4)表明: 即使 $\mu_1 = 0$, 最小时间间隔对于 $\mu_0 > 0$ 也得到了保证. 此外, 由定理5.3(3)可知, 需要设计足够小的 μ_0 以保证 $\hat{W}_i$ 收敛. 如果 $\mu_1 > 0$, 则 $\hat{W}_i$ 收敛到其最优值的小邻域的事件密度将降低. 并且, α 也决定了收敛速率和事件密度.

5.2.4 利用经验的 NN 控制

考虑如式 (5.28) 所示的一组相同的系统:

$$\begin{cases} \dot{x}_1 = x_2, \\ \dot{x}_2 = f(x) + u, \end{cases} \tag{5.58}$$

其中, $x = [x_1, x_2]^T$ 和 u 分别是系统的状态和输入. 给定一个位于 φ_y 的充分小邻域内的有界参考轨迹, 利用 5.2.3 小节中学习到的 NN 设计一个控制器, 使得式 (5.58) 的状态可以跟踪参考轨迹. 假设参考轨迹由以下动态系统产生:

$$\begin{cases} \dot{y}_1 = y_2, \\ \dot{y}_2 = g(t, y), \end{cases} \tag{5.59}$$

其中, $y = [y_1, y_2]^T$ 是系统状态; $g(t, y)$ 是已知连续函数. 式 (5.58) 和式 (5.59) 的轨迹分别表示成 χ_x 和 χ_y.

利用提前学习好的 NN $S(\cdot)^T\overline{W}_i$, 设计一个 NN 控制器如下:

$$u = -z_1 - c_2 z_2 - S^T(x)\overline{W}_i + \dot{\alpha}_c, \tag{5.60}$$

其中, z_1, z_2, α_c 和 $\dot{\alpha}_c$ 的定义类似于式 (5.32)~ 式 (5.35). 因为式 (5.58) 中未知函数 $f(\cdot)$ 是沿着轨迹 χ_y 被逼近的, 所以控制性能要优于下面的控制器:

$$u = -z_1 - c_2 z_2 + \dot{\alpha}_c. \tag{5.61}$$

类似于文献 [10] 和 [12], 在以前的控制过程中利用式 (5.37) 获得的 NN 权值可以保证闭环系统的稳定性和控制性能, 结果表述为如下定理:

定理 5.4　考虑由式 (5.58)、式 (5.59) 和式 (5.60) 组成的闭环系统, 其中 NN 的权值 $\overline{W}_i$ 是在定理 5.3 中获得的. 在初始条件 $y(0)$ 下, 由式 (5.59) 产生的轨迹 χ_y 位于联合轨迹 φ_y 的小邻域中, 且初始条件 $x(0)$ 位于 $y(0)$ 的附近, 可得下面的结论成立:

(1) 闭环系统中的所有信号保持有界;

(2) 状态跟踪误差 $x(t) - y(t)$ 指数收敛到零的一个小邻域内.

证明　(1) z_1 和 z_2 的导数为

$$\dot{z}_1 = -c_1 z_1 + z_2, \tag{5.62}$$

$$\dot{z}_2 = -z_1 - c_2 z_2 - S(x)^{\mathrm{T}} \overline{W}_i + f(x). \tag{5.63}$$

考虑下面的 Lyapunov 函数

$$V_2 = \frac{1}{2}(z_1^2 + z_2^2).$$

V_2 的导数为

$$\dot{V}_2 = -c_1 z_1^2 - c_2 z_2^2 - z_2(S(x)^{\mathrm{T}} \overline{W}_i - f(x)).$$

由不等式

$$-\frac{1}{2} c_2 z_2^2 - z_2(S(x)^{\mathrm{T}} \overline{W}_i - f(x)) \leqslant \frac{\|S(x)^{\mathrm{T}} \overline{W}_i - f(x)\|}{2c_2}$$

可得

$$\dot{V}_2 \leqslant -c_1 z_1^2 - \frac{1}{2} c_2 z_2^2 + \frac{\|S(x)^{\mathrm{T}} \overline{W}_i - f(x)\|}{2c_2}. \tag{5.64}$$

进而, $f(x)$ 沿着轨迹 χ_y 被逼近. 因此, 对于 $z = [z_1, z_2]^{\mathrm{T}}$, $\|z\| < d_1$, 可得

$$\|S(x)^{\mathrm{T}} \overline{W}_i - f(x)\| \leqslant \epsilon_{i_2}^*. \tag{5.65}$$

将式 (5.65) 代入式 (5.64), 可得

$$\dot{V}_2 \leqslant -c_1 z_1^2 - \frac{1}{2}c_2 z_2^2 + \frac{\epsilon_{i_2}^{*\,2}}{2c_2}.$$

令 $c_1 \leqslant \frac{1}{2}c_2$, 则 Lyapunov 函数满足

$$\begin{aligned} V_2(t) \leqslant &\rho_1 + (V_2(0) - \rho_1)\mathrm{e}^{-2c_1 t} \\ \leqslant &\rho_1 + V_2(0)\mathrm{e}^{-2c_1 t}, \end{aligned} \tag{5.66}$$

其中, $\rho_1 = \dfrac{\epsilon_{i_2}^{*\,2}}{4c_1 c_2}$. 因为初始条件 $x(0)$ 满足

$$z(0) \in \Omega_{z_0} = \{z | V_2 \leqslant \frac{1}{2}d_1^2 - \rho_1\}, \tag{5.67}$$

所以

$$V_2(t) \leqslant \frac{1}{2}d_1^2.$$

因此, 所有的信号保持有界.

(2) 由式 (5.66) 可知, z_1 和 z_2 指数收敛到零的小邻域. 注意到 $x_1 - y_1 = z_1$ 和 $x_2 - y_2 = z_2 - c_1 z_1$, 容易得到跟踪误差 $x(t) - y(t)$ 指数收敛到零的一个小邻域. □

注 5.6 式 (5.67) 要求 $x(0)$ 接近 $y(0)$. 在某些特殊情况下, 这种限制可以放大到只要式 (5.58) 的轨迹从 t_0 到 $t_0 + \bar{T}$ 位于轨迹并集 φ_y 的一个小邻域内, 其中 $\bar{T}$ 是有限时间, 即 $x(t)$ 对于所有的 $t \geqslant t_0 + \bar{T}$ 可以以很小的误差跟踪 $y(t)$. 注意到 5.2.3 小节中已经得到了比较大的逼近域, 因此在这种意义下, 初始条件的选择可能会比文献[10]的情形更加容易. 这个情况将在仿真中进一步说明.

5.3 数 值 仿 真

例 5.1 为了验证 DCL 策略的优点, 考虑如下系统:

$$\begin{cases} \dot{x}_{i1} = x_{i2}, \\ \dot{x}_{i2} = x_{i_1} x_{i_2} \mathrm{e}^{-x_{i1}^2} + u, \\ i = 1, 2, 3, \end{cases} \tag{5.68}$$

其中, $x_i = [x_{i1}, x_{i2}]^T$ 是状态向量, 并假设非线性函数 $f(x_i) = x_{i1} x_{i2} e^{-x_{i1}^2}$ 是未知的.

参考轨迹由下面的 Duffing-Van del Pol 振荡器生成:

$$
\begin{cases}
\dot{y}_{i1} = \dot{y}_{i2}, \\
\dot{x}_{d_{i1}} = x_{d_{i2}}, i = 1, 2, 3, \\
\dot{x}_{d_{i2}} = -p_{i,1} y_{i1} - p_{i,2} y_{i1}^3 + p_{i,3} y_{i2} - p_{i4} y_{i2}^2 x_{d_{i1}} + q_i \cos(\omega t),
\end{cases}
\tag{5.69}
$$

其中, $y_i = [y_{i1}, y_{y2}]^T$ 是状态向量; $p_{1,1} = p_{2,1} = p_{3,1} = 0.5$, $[p_{1,2}, p_{2,2}, p_{3,2}] = \left[0.5, 0.125, \dfrac{1}{18}\right]$, $p_{1,3} = p_{2,3} = p_{3,3} = 0.1$, $[p_{1,4}, p_{2,4}, p_{3,4}] = [0.5, 0.125, \dfrac{1}{90}]$; $[q_1, q_2, q_3] = [0.5, 1, 1.5]$; $\omega = 1.8$; 初始条件为 $y_1(0) = [0,0]^T$, $y_2(0) = [2,2]^T$, $y_3(0) = [4,4]^T$.

参考轨迹如图 5.2 所示.

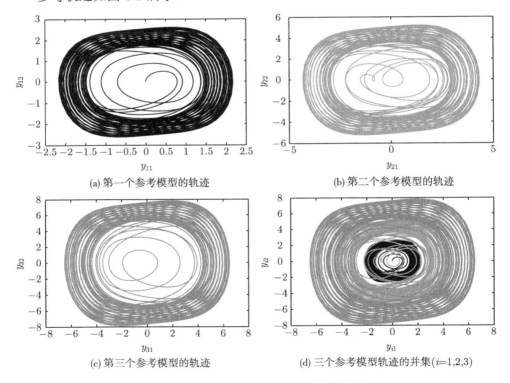

(a) 第一个参考模型的轨迹　　　　　　　　　　(b) 第二个参考模型的轨迹

(c) 第三个参考模型的轨迹　　　　　　　　　　(d) 三个参考模型轨迹的并集(i=1,2,3)

图 5.2　三个参考模型的轨迹和它们的并集

首先, 采用式 (5.10), 其中通信拓扑如图 5.3 所示. 为了逼近未知非线性系统函数 $f(\cdot)$, 采用式 (5.3), 其中 $s(\cdot)$ 含有 1681 个节点, 神经元中心 $\xi(j = 1, 2, \cdots, 1681)$

均匀地分布在 $[-8,8] \times [-8,8]$ 上, RBF 的宽度为 η, 参数设计为 $\rho = 50, \sigma_i = 0.00001, c_{i,1} = c_{i,2} = 1$ 和 $\gamma = 1$. 初始条件为 $x_1(0) = [0,0]^{\mathrm{T}}$, $x_2(0) = [2,2]^{\mathrm{T}}$, $x_3(0) = [4,4]^{\mathrm{T}}$ 和 $\hat{W}_i(0) = 0$. 为了验证获得的 NN 模型的学习能力, 在 350s 后停止自适应控制进程, 获得 NN 权值 $\bar{W}_i = \mathrm{mean}_{t \in [330,350]} \hat{W}_i$. 为了更好地展示跟踪和函数逼近效果, 仅仅给出 330~350s 这个时间段的自适应控制过程. 从图 5.4 和图 5.5 可看出, x_i 的分量能够在很小的误差水平内跟踪上参考信号 y_i 的分量, 未知函数 $f(x_i)$ 能够很好地被 RBF NN $S(x_i)^{\mathrm{T}} \hat{W}_i$ 估计. 图 5.6(a) 显示了权值 $\left\| \hat{W}_i \right\| (i = 1,2,3)$ 最终达到一致.

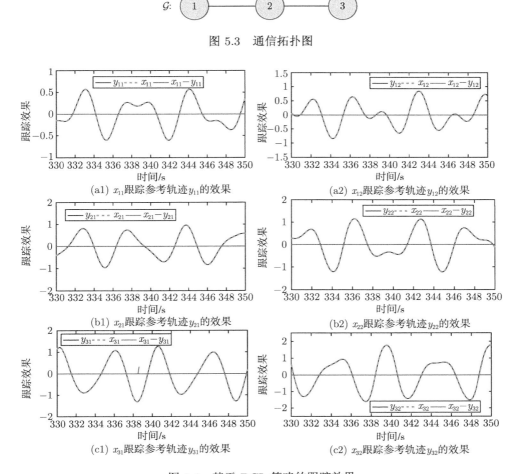

图 5.3 通信拓扑图

图 5.4 基于 DCL 策略的跟踪效果

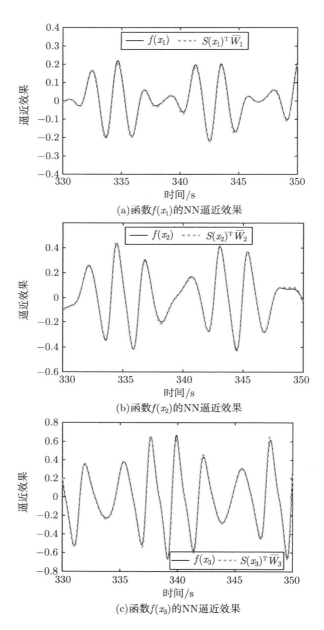

(a)函数$f(x_1)$的NN逼近效果

(b)函数$f(x_2)$的NN逼近效果

(c)函数$f(x_3)$的NN逼近效果

图 5.5　基于 DCL 策略的 NN 逼近效果

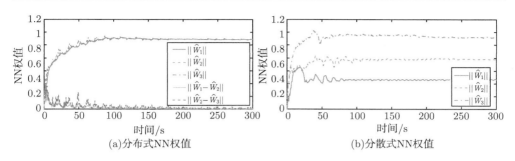

(a)分布式NN权值   (b)分散式NN权值

图 5.6   通过 DCL 策略和 DL 策略分别获得的 NN 权值

图 5.7 显示了采用 DCL 策略得到的 NN 权值的跟踪误差和函数逼近的效果.

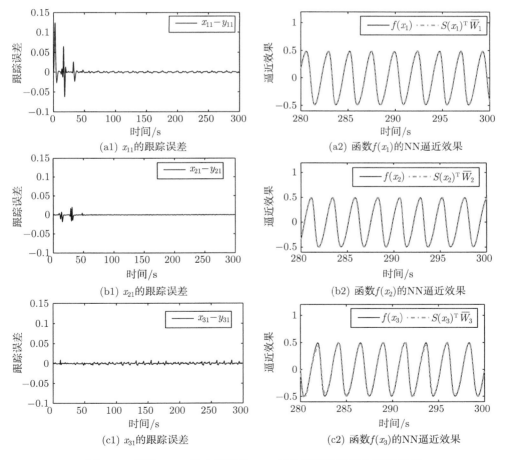

(a1) x_{11}的跟踪误差   (a2) 函数$f(x_1)$的NN逼近效果

(b1) x_{21}的跟踪误差   (b2) 函数$f(x_2)$的NN逼近效果

(c1) x_{31}的跟踪误差   (c2) 函数$f(x_3)$的NN逼近效果

图 5.7   采用 DCL 策略得到的 NN 权值的跟踪误差和逼近效果

为了进一步验证学到的 NN 模型的泛化能力, 交换三个参考信号, 交换次序如图 5.8 所示, 得到的仿真结果如图 5.9 所示. 可以看出, 跟踪误差依然很小, 未知函数 $f(x_i)$ 也能被很好地逼近.

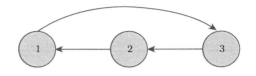

图 5.8   相互交换三个参考信号的顺序

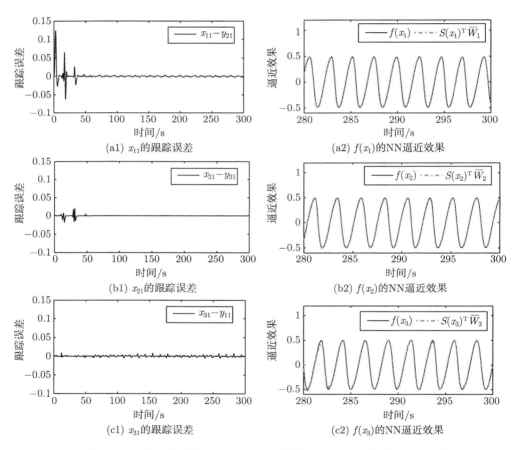

(a1) x_{11} 的跟踪误差   (a2) $f(x_1)$ 的NN逼近效果

(b1) x_{21} 的跟踪误差   (b2) $f(x_2)$ 的NN逼近效果

(c1) x_{31} 的跟踪误差   (c2) $f(x_3)$ 的NN逼近效果

图 5.9   相互交换参考信号后采用 DCL 策略得到的 NN 权值的跟踪误差和逼近效果

此外, 选择一个与以上三个参考信号完全不同的参考信号:

$$
\begin{cases}
\dot{\mathcal{X}}_{d_1} = \mathcal{X}_{d_2}, i = 1, 2, 3 \\
\dot{\mathcal{X}}_{d_2} = 1.1\mathcal{X}_{d_1} - 0.16\mathcal{X}_{d_1}^3 + 0.4\mathcal{X}_{d_2} + 4.875\cos(1.8t)
\end{cases} \tag{5.70}
$$

其中, $\mathcal{X}_{d_1}(0) = \mathcal{X}_{d_2}(0) = 0$, 且该系统的轨迹在上述三个轨迹并集的小邻域内 [图 5.10(a)]. 系统的初始条件选为 0, 选取权值为 $\bar{W}_1$ 得到的逼近效果在图 5.10(b) 和 (c) 中. 很明显, 跟踪误差和函数逼近效果都达到了满意的效果.

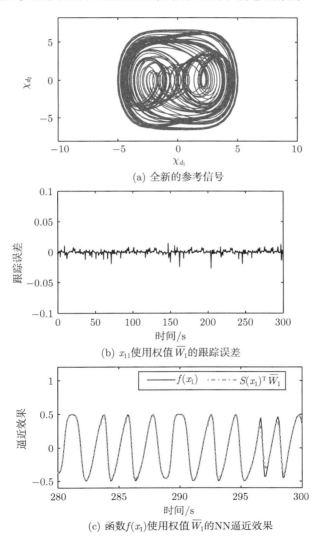

(a) 全新的参考信号

(b) x_{11}使用权值$\bar{W}_1$的跟踪误差

(c) 函数$f(x_1)$使用权值$\bar{W}_1$的NN逼近效果

图 5.10 全新的参考信号、跟踪误差和逼近效果

进一步通过与 DL 策略比较, 表明学习到的模型具有良好的泛化能力. 采用式 (5.24), 并保持所有的设计参数和初始条件与分布式策略相同. 在 350s 的学习过程之后得到 NN 权值 $\overline{W}_i$, 权值收敛情况如图 5.6(b) 所示. 从中能发现三个权值的 2 范数曲线均不相同, 即权值没有达到一致. 交换参考信号后得到的仿真图如图 5.11 所示, 采用式 (5.70) 得到的逼近效果如图 5.12.

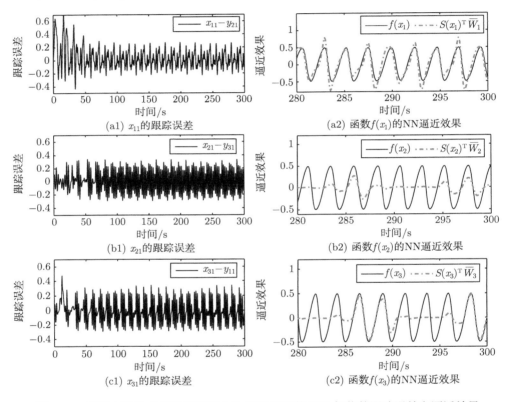

图 5.11　相互交换参考信号后采用 DL 策略得到的 NN 权值的跟踪误差和逼近效果

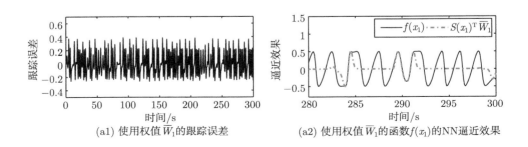

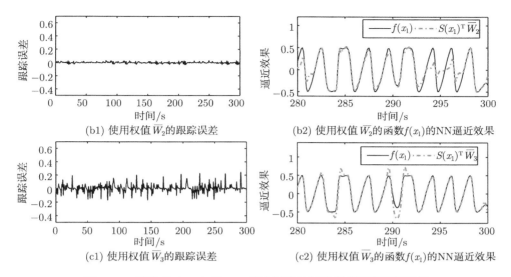

图 5.12 采用式 (5.70) 和 DL 策略得到的权值所获得的逼近结果

从图中可以看出, 采用 DL 策略的跟踪效果和函数逼近效果都比分布式策略差很多. 综上所述, 由仿真结果可知, DCL 策略比分散式策略具有更好的泛化能力.

接下来, 进一步说明基于事件驱动的自适应 NN 控制方案的有效性.

例 5.2 仍然考虑二阶系统 [式 (5.68)], 通信拓扑结构如图 5.3(a) 所示. 参考模型与式 (5.69) 相同, 其中 $p_{1,1} = p_{2,1} = p_{3,1} = -1$, $p_{1,2} = p_{2,2} = p_{3,2} = -0.5$, $[p_{1,3}, p_{2,3}, p_{3,3}] = [0.01, 0.02, 0.04]$, $p_{1,4} = p_{2,4} = p_{3,4} = -0.12$, $q_1 = q_2 = q_3 = 0.5$, $\omega = 1.8$, 初始条件为 $y_1(0) = [0, 0]^{\mathrm{T}}$, $y_2(0) = [0.4, 0.4]^{\mathrm{T}}$, $y_3(0) = [0.6, 0.6]^{\mathrm{T}}$. 期望轨迹如图 5.13 所示.

采用如下高斯 RBF NN: $S(\cdot)^{\mathrm{T}} W_i (i = 1, 2, 3)$ 包含了 441 个神经元. 每个 RBF NN 的中心落在 $[-2, 2] \times [-2, 2]$ 上, 宽度 $\eta_1 = \eta_2 = \eta_3 = 0.5$. 设计参数 $\Gamma = 50$, $\gamma = 1$, $\mu_0 = 0.0005$, $\mu_1 = 0.03$, $\alpha = 0.5$, $c_{i1} = 1$, $c_{i2} = 3$ 和 $\sigma_i = 0.00001 (i = 1, 2, 3)$. 式 (5.68) 的初始条件 $x_1(0) = [0, 0]^{\mathrm{T}}$, $x_2(0) = [0.4, 0.4]^{\mathrm{T}}$, $x_3(0) = [0.6, 0.6]^{\mathrm{T}}$. NN 的初始权值 $\hat{W}_i(0) = 0$ $(i = 1, 2, 3)$.

运行系统 350s 后, 得到 $\overline{W_i} = \mathrm{mean}_{t \in [330, 350]} \hat{W}_i (i = 1, 2, 3)$. 图 5.14 表示 x_i 的分量可以在很小的误差内跟踪 y_i 的分量.

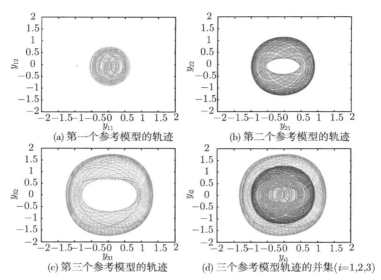

(a) 第一个参考模型的轨迹　　　　　(b) 第二个参考模型的轨迹

(c) 第三个参考模型的轨迹　　　(d) 三个参考模型轨迹的并集(i=1,2,3)

图 5.13　三个参考模型的轨迹和它们的并集

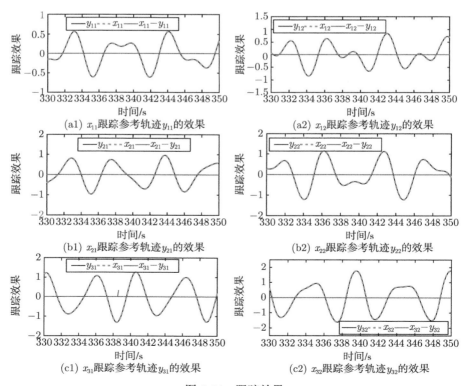

(a1) x_{11}跟踪参考轨迹y_{11}的效果　　　(a2) x_{12}跟踪参考轨迹y_{12}的效果

(b1) x_{21}跟踪参考轨迹y_{21}的效果　　　(b2) x_{22}跟踪参考轨迹y_{22}的效果

(c1) x_{31}跟踪参考轨迹y_{31}的效果　　　(c2) x_{32}跟踪参考轨迹y_{32}的效果

图 5.14　跟踪效果

图 5.15 和图 5.16 分别给出了交换输入信号前后 RBFNN 的逼近效果.

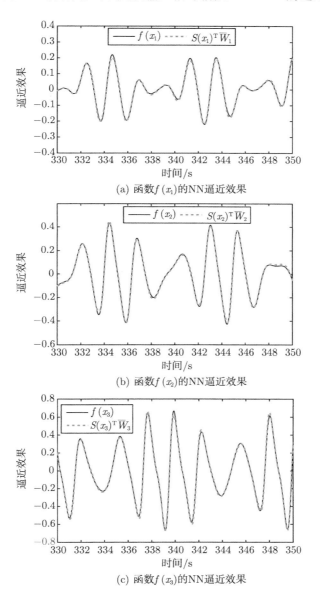

(a) 函数$f(x_1)$的NN逼近效果

(b) 函数$f(x_2)$的NN逼近效果

(c) 函数$f(x_3)$的NN逼近效果

图 5.15　交换输入信号前 RBF NN 的逼近效果

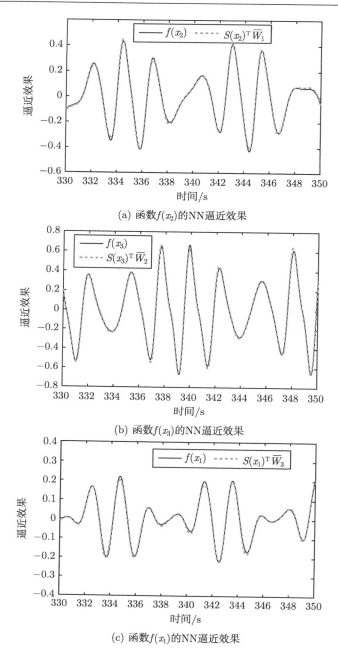

(a) 函数$f(x_2)$的NN逼近效果

(b) 函数$f(x_3)$的NN逼近效果

(c) 函数$f(x_1)$的NN逼近效果

图 5.16　交换输入信号后 RBF NN 的逼近效果

图 5.16 说明, 交换输入信号后未知非线性函数仍然可以被很好地逼近, 这意味

着 RBF NN 的邻域是它们的联合轨迹, 图 5.17 展示了 $\|e_{w_i}\|^2$ 和 $\mu_0 + \mu_1 e^{-\alpha t}$ 的轨迹.

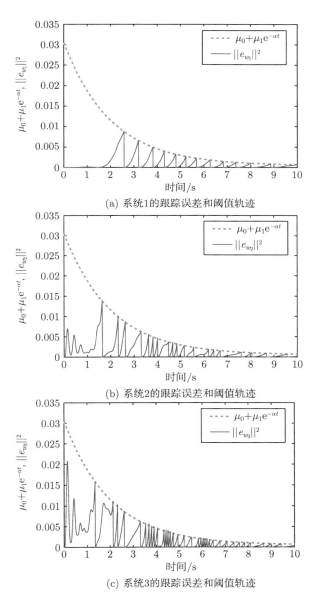

(a) 系统1的跟踪误差和阈值轨迹

(b) 系统2的跟踪误差和阈值轨迹

(c) 系统3的跟踪误差和阈值轨迹

图 5.17 权值跟踪误差和阈值的轨迹

表 5.1 给出了时间段 $[0, 350]$ 内每个节点的事件发生次数.

表 5.1　每个系统的总事件次数

系统 (节点)	事件数
1	206
2	263
3	503

图 5.18 显示了 NN 权值估计的收敛性和传播的 NN 权值.

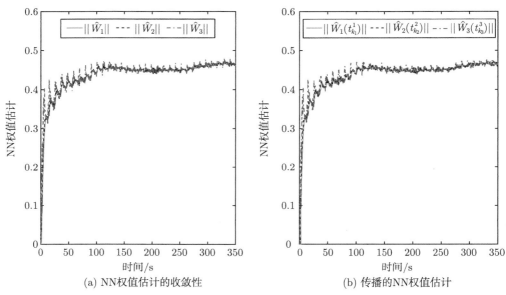

(a) NN权值估计的收敛性　　　　　　(b) 传播的NN权值估计

图 5.18　NN 权值估计的收敛性和传播的 NN 权值估计

接下来, 将通过对比利用经验的控制器与没有学习过的 NN 控制器, 来展示基于经验的 NN 控制器具有更好的控制性能. 为了实现这一目标, 同时考虑系统 [式 (5.68)] 与利用学习好的 NN 权值的控制器 [式 (5.60)] 以及不利用学习好的 NN 权值的控制器 [式 (5.61)]. 为了验证学习到的 NN 的泛化能力, 选择一个新的参考信号, 它与联合轨迹不同但位于联合轨迹 φ_{x_d} 的一个小邻域内. 新的参考信号由以下动态系统产生:

$$
\begin{cases}
\dot{y}_1 = y_2 \\
\dot{y}_2 = -0.5y_1 - 0.5y_1^3 + 0.04y_2 - 0.1y_1^2 y_2 + 0.1\cos(1.8t),
\end{cases}
\tag{5.71}
$$

其中, $y(0) = [y_1(0), y_2(0)]^{\mathrm{T}} = [0, 0]^{\mathrm{T}}$. 轨迹如图 5.19 所示.

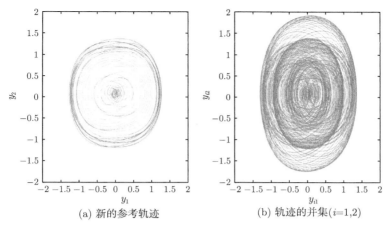

(a) 新的参考轨迹　　　　　　　　(b) 轨迹的并集(i=1,2)

图 5.19　参考轨迹

式 (5.60) 和式 (5.61) 的设计参数是 $c_1 = 0.5$ 和 $c_2 = 1$, 这比 5.2 节中使用的设计参数值要小. $\overline{W}_1$ 是用作式 (5.60) 中的学习到的 NN 权值. 事实上, $\overline{W}_1 \cong \overline{W}_2 \cong \overline{W}_3$, $\overline{W}_2$, $\overline{W}_3$ 也可以使用. 考虑系统 $\begin{cases} \dot{x}_1 = x_2, \\ \dot{x}_2 = x_1 x_2 \mathrm{e}^{-x_1^2} + u, \end{cases}$ 记 $f(x) = x_1 x_2 \mathrm{e}^{-x_1^2}$, 系统的初始条件是 $x(0) = [x_1(0), x_2(0)]^{\mathrm{T}} = [0.2, 1.5]^{\mathrm{T}}$, 远离 $y(0)$.

图 5.20 和图 5.21 分别展示了带有 NN 权值的控制器和不带有 NN 权值的控制器的逼近效果.

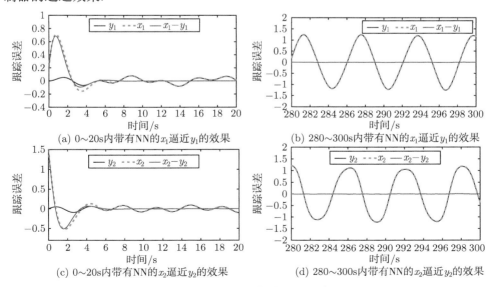

(a) 0～20s内带有NN的x_1逼近y_1的效果　　　　(b) 280～300s内带有NN的x_1逼近y_1的效果

(c) 0～20s内带有NN的x_2逼近y_2的效果　　　　(d) 280～300s内带有NN的x_2逼近y_2的效果

图 5.20　带有 NN 权值的逼近效果

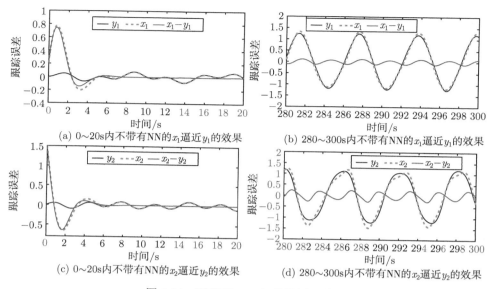

(a) 0~20s内不带有NN的x_1逼近y_1的效果　(b) 280~300s内不带有NN的x_1逼近y_1的效果

(c) 0~20s内不带有NN的x_2逼近y_2的效果　(d) 280~300s内不带有NN的x_2逼近y_2的效果

图 5.21　不带有 NN 权值的逼近效果

为了更加明显的展示性能, 选择两个时间段. 在时间段 $[0,20]$, 两个控制性能都很好. 因为 $\dfrac{\|f(x)\|^2}{2c_2}$ 很小, 所以 $x(t)$ 非常小 (高增益控制). 在时间段 $[280,300]$, $x(t)$ 大于时间段 $[0,20]$ 的 $x(t)$. 因此, $\dfrac{\|f(x)\|^2}{2c_2}$ 不再是非常小的, 此时带有 NN 权值的控制器性能更好, 而不带有 NN 权值的控制性能较差. 最后, 通过图 5.22 来展示注 5.6 中的情况.

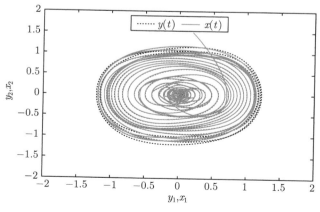

图 5.22　当 $x(0)$ 远离 $y(0)$ 的逼近效果

因为 $x(t)$ 一直停留在 φ_{x_d} 的小邻域内, 所以初始条件的选择可以放宽, 而且同时可以保证跟踪误差的指数收敛性.

5.4 本章小结

本章针对一组结构相同但参考信号完全不同的连续时间未知非线性系统, 提出了 DCL 策略.

首先, 在经典的 RBF NN 权值自适应律间增加了网络通信, 通过合作学习算法证明了这种 NN 模型具有更大的逼近域和更好的泛化能力.

然后, 当通信拓扑是无向连通时, 提出了一种基于事件驱动的 DCL 策略, 保证所有 NN 控制系统的 NN 权值可以收敛到其最优值的一个小邻域. 在控制过程中, 每个智能体在事件驱动条件下间歇性地向邻近智能体传播其 NN 权值估计, 该事件驱动条件仅取决于其自身的 NN 权值估计, 同时保证了 NN 的泛化能力, 即 NN 的逼近域是系统的联合轨迹.

第6章 离散时间非线性系统的分布式合作学习控制

在实际应用中, 大多数系统是离散时间系统. 因此, 本章将第 5 章中针对连续时间非线性系统的 DCL 控制的研究思路推广到离散时间非线性系统.

6.1 问 题 描 述

考虑一组未知离散时间非线性系统, 其中第 $i(i = 1, \cdots, N)$ 个系统的动态描述如下:

$$
\begin{cases}
x_{i,1}(k+1) = x_{i,2}(k), \\
\vdots \\
x_{i,n-1}(k+1) = x_{i,n}(k), \\
x_{i,n}(k+1) = f(x_i(k)) + u_i(k),
\end{cases}
\tag{6.1}
$$

其中, $x_i(k) = [x_{i,1}(k), \cdots, x_{i,n}(k)]^{\mathrm{T}} \in \mathbb{R}^n$ 和 $u_i(k) \in \mathbb{R}$ 分别是系统的状态向量和控制输入; $f(x_i(k))$ 是未知连续函数.

对于第 i 个系统的参考信号 $x_{d_{i,n}}(k)$, 定义 $\varphi_{d_{i,n}}$ 为它的轨迹. 假设 $\varphi_{d_{i,n}}$ 保持一致有界, 即 $\varphi_{d_{i,n}} \in \Omega_i \subset \mathbb{R}$, 其中 Ω_i 是一个紧集, $\varphi_{d_{i,n}}$ 做周期或类周期的运动. 目标是: ①设计 DCL 控制 $u_i(k)$, 使得系统状态 $x_i(k)$ 跟踪到参考信号 $x_{d_i}(k) = [x_{d_{i,1}}(k), \cdots, x_{d_{i,n}}(k)]^{\mathrm{T}}$, 为了表示方便, 记 $x_{d_{i,n-1}}(k) =: x_{d_{i,n}}(k-1), \cdots, x_{d_{i,1}}(k) =: x_{d_{i,n}}(k-(n-1))$, 代表 $x_{d_{i,n}}(k)$ 的延迟; ②分析 DCL 控制策略的优点.

为了实现上述目标, 选择如下 RBF NN 来逼近未知连续非线性函数 $f(x_i(k))$:

$$
f(x_i(k)) = S(x_i(k))^{\mathrm{T}} W + \varepsilon(x_i(k)), i = 1, \cdots, N,
\tag{6.2}
$$

其中, $S(\cdot) \in \mathbb{R}^l$ 是定义的光滑的 RBF 向量, $l > 1$ 是神经元的数量; $\varepsilon(x_i(k))$ 是 NN 逼近误差, 且满足 $|\varepsilon(x_i(k))| \leqslant \varepsilon$, ε 是一个正的设计常数; W 是最优权值向量.

定义第 i 个系统的状态跟踪误差如下:

$$z_{i,j} = x_{i,j}(k) - x_{d_{i,j}}(k), j = 1, \cdots, n, \tag{6.3}$$

滤波跟踪误差为

$$r_i(k) = z_{i,n}(k) + \lambda_{i,1} z_{i,n-1}(k) + \cdots + \lambda_{i,n-1} z_{i,1}(k), \tag{6.4}$$

其中, $\lambda_{i,1}, \cdots, \lambda_{i,n-1}$ 是满足多项式 $z^{n-1} + \lambda_{i,1} z^{n-2} + \cdots + \lambda_{i,n-1}$ 的 Hurwitz 常数.

定义 $\hat{W}_i(k)$ 为第 i 个系统的权值 W 的估计, 设计 NN 控制律如下:

$$\begin{aligned}
u_i(k) &= x_{d_{i,n}}(k+1) - S(x_i(k))^{\mathrm{T}} \hat{W}_i(k) + c_i r_i(k) \\
&\quad - \lambda_{i,1} z_{i,n} - \cdots - \lambda_{i,n-1} z_{i,2},
\end{aligned} \tag{6.5}$$

其中, c_i 是正的设计参数.

由式 (6.1) 和式 (6.3)~式 (6.5), 可得

$$r_i(k+1) = c_i r_i(k) - S(x_i(k))^T \tilde{W}_i(k) + \varepsilon_i(k), \tag{6.6}$$

其中, $\tilde{W}_i = \hat{W}_i - W$.

6.2　分布式合作学习律设计

本节通过在系统之间建立通信拓扑, 设计 DCL 律如下:

$$\begin{aligned}
\hat{W}_i(k+1) &= \hat{W}_i(k) + \alpha_i r_i(k+1) S(x_i(k)) \\
&\quad + \gamma_i \alpha_i \sum_{j \in \mathcal{N}_i} a_{ij} (\hat{W}_i(k) - \hat{W}_j(k)),
\end{aligned} \tag{6.7}$$

其中, $\alpha_i > 0$ 和 $\gamma_i > 0$ 是设计参数; $\mathcal{N}_i$ 表示第 i 个系统的邻居集合; $a_{ij} > 0$ 表示 $\hat{W}_j$ 能够获得和使用第 i 个系统的信息, $a_{ij} = 0$ 表示两个系统之间没有通信.

明显地, 式 (6.7) 包含了下面两种特殊的形式:

(1) 当所有的 $a_{ij} = 0$ 时, 式 (6.7) 为

$$\hat{W}_i(k+1) = \hat{W}_i(k) + \alpha_i r_i(k+1) S(x_i(k)), \tag{6.8}$$

这就意味着系统间没有信息交换, 是一种 DL 策略. 它的优点是控制器简单且易实现. 但是, 由于没有必要的信息交换, 使得学习能力受限.

(2) 当所有的 $a_{ij} > 0$ 时, 式 (6.7) 为

$$\hat{W}_i(k+1) = \hat{W}_i(k) + \alpha_i r_i(k+1)S(x_i(k)) + \gamma_i \alpha_i \sum_{j=1}^{N} a_{ij}(\hat{W}_i(k) - \hat{W}_j(k)),$$

这意味着所有的系统都能接收到其他系统传过来的信息, 这就是一种集中式学习策略. 因为存在实时在线的全局信息交换, 所以使得它具有良好的学习能力. 但是, 往往也存在一些缺点, 如高成本和低容错能力. 在实际运用中, 通信能力往往受到带宽等因素的限制, 而这种策略需要较大的带宽. 此外, 若某个智能体突然失去了通信能力, 则该策略将不能奏效.

相比较这两种学习策略, 式 (6.7) 是一种折中的策略. 当然, 因为式 (6.7) 包含传统的学习律和一致项, 所以所有闭环系统的分析将会变得更加的困难. 首先, 由于一致项的出现, 需要重新分析闭环系统的稳定性和跟踪效果. 其次, 由于非线性项 $\alpha_i r_i(k+1)S(x_i(k))$ 的出现, 获得权值 $\hat{W}_i(k)$ 的一致性并不容易. 更重要的是, 权值估计 $\hat{W}_i(k)$ 的最终一致的值是什么和该一致值的优点是什么? 这两个问题有别于多智能体的一致性问题, 一般地, 多智能体的一致值并没有特殊的意义.

6.3　稳定性和学习能力分析

记始于 $x_i(K)$ 的状态 x_i 的轨迹为 $\varphi_{\zeta_i}(x_i(K))$(简记为 φ_{ζ_i}), 其中 K 表示有限时间训练后的某时刻. 记 $\bar{W}_i = \dfrac{1}{k_b - k_a + 1}\displaystyle\sum_{k=k_a}^{k_b} \hat{W}_i(k)$, 其中 $k_a > k_b > K$.

定理 6.1　考虑式 (6.1)、参考信号 $x_{d_{i,n}}(k)(i = 1, \cdots, N)$、式 (6.5) 和式 (6.7) 组成的闭环系统. 假设系统间的通信拓扑是无向连通的. 对任意的周期或类周期的参考轨迹 $\varphi_{d_{i,n}}$, 初始条件 $x_{d_i}(0) \in \Omega_{d_i}$, $x_i(0)$ 在紧集 Ω_{i_0} 内, $\hat{W}_i(0) = 0$, 则

(1) 选择合适的参数, 可以使得闭环系统中的所有信号都保持 UUB, 并且状态跟踪误差 $x_i(k) - x_{d_i}(k)$ 收敛到原点的小邻域内;

(2) NN 权值估计 $\hat{W}_{i_\zeta}(k)(i = 1, \cdots, N)$ 沿着轨迹 φ_ζ 收敛到公共最优权值 W_ζ 的小邻域内;

(3) 沿着轨迹 $\varphi_\zeta(k)$, 在误差 ε 范围内, N 个几乎相同的函数估计 $S(\cdot)^{\mathrm{T}}\bar{W}_i$ 都能精确估计未知的非线性函数 $f(\cdot)$.

证明　(1) 考虑如下 Lyapunov 函数:

$$V(k) = V_1(k) + V_2(k),$$

其中,

$$V_1(k) = \sum_{i=1}^{N} r_i^2(k);$$

$$V_2(k) = \sum_{i=1}^{N} \frac{1}{\alpha_i}\tilde{W}_i^{\mathrm{T}}(k)\tilde{W}_i(k).$$

$V(k)$ 的差分定义为

$$\Delta V(k) = V(k+1) - V(k). \tag{6.9}$$

显然,

$$\Delta V = \Delta V_1 + \Delta V_2. \tag{6.10}$$

一方面, 由式 (6.6) 知,

$$\begin{aligned} \Delta V_1 &= \sum_{i=1}^{N} \Big[(c_i^2 - 1)r_i^2(k) - 2c_i r_i(k)S(x_i(k))^{\mathrm{T}}\tilde{W}_i(k) \\ &\quad + \tilde{W}_i^{\mathrm{T}}(k)S(x_i(k))S(x_i(k))^{\mathrm{T}}\tilde{W}_i(k) + \varepsilon_i^2(k) \\ &\quad + 2c_i r_i(k)\varepsilon_i(k) - 2\varepsilon_i(k)S(x_i(k))^{\mathrm{T}}\tilde{W}_i(k) \Big]. \end{aligned} \tag{6.11}$$

另一方面,

$$\Delta V_2 = \tilde{W}^{\mathrm{T}}(k+1)\Gamma^{-1}\tilde{W}(k+1) - \tilde{W}^{\mathrm{T}}(k)\Gamma^{-1}\tilde{W}(k), \tag{6.12}$$

其中, $\tilde{W}(\cdot) = [\tilde{W}_1^{\mathrm{T}}(\cdot), \cdots, \tilde{W}_N^{\mathrm{T}}(\cdot)]^{\mathrm{T}}$ 和 $\Gamma = \mathrm{diag}\{\alpha_1 I_l, \cdots, \alpha_N I_l\}$. 由式 (6.7), 可得

$$\tilde{W}(k+1) = M\tilde{W}(k) + \Gamma\Phi(x(k))Cr(k) + \Gamma\Phi(x(k))\varepsilon(k), \tag{6.13}$$

其中, $x(k) = [x_1(k), \cdots, x_N(k)]^{\mathrm{T}}$, $r(k) = [r_1(k), \cdots, r_N(k)]^{\mathrm{T}}$, $\varepsilon(k) = [\varepsilon_1(k), \cdots, \varepsilon_N(k)]^{\mathrm{T}}$, $C = \mathrm{diag}\{c_1, \cdots, c_N\}$, $\Phi(x(k)) = \mathrm{diag}\{S(x_1(k)), \cdots, S(x_N(k))\}$, $M = I_{Nl} - \gamma\Gamma(\mathcal{L}\otimes$

$I_l) - \Gamma\Phi(x(k))\Phi(x(k))^{\mathrm{T}}$, $\gamma = \mathrm{diag}\{\gamma_1 I_l, \cdots, \gamma_N I_l\}$. 将式 (6.13) 代入式 (6.12), 得

$$\Delta V_2 = \tilde{W}^{\mathrm{T}}(k)(M^{\mathrm{T}}\Gamma^{-1}M - \Gamma^{-1})\tilde{W}(k) + r(k)^{\mathrm{T}}C^{\mathrm{T}}\Phi(x(k))Cr(k)$$

$$+ \varepsilon(k)^{\mathrm{T}}\Phi(x(k))^{\mathrm{T}}\Gamma\Phi(x(k))\varepsilon(k) + 2\tilde{W}^{\mathrm{T}}(k)M^{\mathrm{T}}\Phi(x(k))Cr(k)$$

$$+ 2r(k)^{\mathrm{T}}C^{\mathrm{T}}\Phi(x(k))^{\mathrm{T}}\Gamma\Phi(x(k))\varepsilon(k)$$

$$+ 2\tilde{W}^{\mathrm{T}}(k)M^{\mathrm{T}}\Phi(x(k))\varepsilon(k). \tag{6.14}$$

将式 (6.11) 和式 (6.14) 代入式 (6.10), 得

$$\Delta V = r(k)^{\mathrm{T}}(CC^{\mathrm{T}} - I_N + C^{\mathrm{T}}\Phi(x(k))^{\mathrm{T}}\Gamma\Phi(x(k))C)r(k)$$

$$+ 2r(k)^{\mathrm{T}}C^{\mathrm{T}}[I_N + \Phi(x(k))^{\mathrm{T}}\Gamma\Phi(x(k))]\varepsilon(k)$$

$$+ 2r(k)^{\mathrm{T}}C^{\mathrm{T}}\Phi(x(k))^{\mathrm{T}}(M - I_{Nl})\tilde{W}(k)$$

$$+ 2\tilde{W}^{\mathrm{T}}(k)(M^{\mathrm{T}} - I_{Nl})\Phi(x(k))\varepsilon(k)$$

$$+ \varepsilon(k)^{\mathrm{T}}\varepsilon(k) + \varepsilon(k)^{\mathrm{T}}\Phi(x(k))^{\mathrm{T}}\Gamma\Phi(x(k))\varepsilon(k). \tag{6.15}$$

进一步, 易得如下不等式:

$$r(k)^{\mathrm{T}}C^{\mathrm{T}}\Phi(x(k))^{\mathrm{T}}\Gamma\Phi(x(k))Cr(k)$$

$$\leqslant \alpha_{\max}\|\Phi(x(k))^{\mathrm{T}}\Phi(x(k))\|r(k)^{\mathrm{T}}C^{\mathrm{T}}Cr(k), \tag{6.16}$$

$$2r(k)^{\mathrm{T}}C^{\mathrm{T}}\Phi(x(k))^{\mathrm{T}}(M - I_{Nl})\tilde{W}(k)$$

$$\leqslant 2\alpha_{\max}\|\Phi(x(k))^{\mathrm{T}}\Phi(x(k))\|r(k)^{\mathrm{T}}C^{\mathrm{T}}Cr(k)$$

$$+ \alpha_{\max}\|\Phi(x(k))^{\mathrm{T}}\Phi(x(k))\|\tilde{W}^{\mathrm{T}}(k)\Phi(x(k))\Phi(x(k))^{\mathrm{T}}, \tag{6.17}$$

$$\tilde{W}^{\mathrm{T}}(k)(M^{\mathrm{T}}\varGamma^{-1}M - \varGamma^{-1})\tilde{W}^{\mathrm{T}}(k)$$

$$\leqslant - \tilde{W}^{\mathrm{T}}(k)\Big[\big(2 - \alpha_{\max}\big\|\varPhi(x(k))^{\mathrm{T}}\varPhi(x(k))\big\|\big)\varPhi(x(k))\varPhi(x(k))^{\mathrm{T}}$$

$$+ 2\gamma(1 - \varGamma\varPhi(x(k))\varPhi(x(k))^{\mathrm{T}}(\mathcal{L} \otimes I_l))$$

$$- \gamma^2(\mathcal{L} \otimes I_l)\varGamma(\mathcal{L} \otimes I_l)\Big]\tilde{W}(k), \tag{6.18}$$

$$2\tilde{W}^{\mathrm{T}}(k)(M - I_{Nl})\varPhi(x(k))\varepsilon(x(k))$$

$$\leqslant 2\alpha_{\max}\big\|\varPhi(x(k))^{\mathrm{T}}\varPhi(x(k))\big\|\varepsilon(k)^{\mathrm{T}}\varepsilon(k)$$

$$+ \alpha_{\max}\big\|\varPhi(x(k))^{\mathrm{T}}\varPhi(x(k))\big\|\tilde{W}^{\mathrm{T}}(k)\varPhi(x(k))\varPhi(x(k))^{\mathrm{T}}\tilde{W}(k)$$

$$+ \tilde{W}^{\mathrm{T}}(k)(\mathcal{L} \otimes I_l)\gamma^2\varGamma(\mathcal{L} \otimes I_l)\tilde{W}(k), \tag{6.19}$$

其中, $\alpha_{\max} = \max\{\alpha_1, \cdots, \alpha_N\}$. 将式 (6.16)~ 式 (6.19) 代入式 (6.15), 可得

$$\Delta V \leqslant - (1 - \rho)\left[\|r(k)\|^2 - \frac{2\kappa c_{\max}}{1 - \rho}\|r(k)\|\varepsilon - \frac{N\nu\varepsilon^2}{1 - \rho}\right]$$

$$- \big[1 - 3\alpha_{\max}\big\|\varPhi(x(k))^{\mathrm{T}}\varPhi(x(k))\big\|\big]\tilde{W}^{\mathrm{T}}(k)\varPhi(x(k))\varPhi(x(k))^{\mathrm{T}}\tilde{W}(k)$$

$$- \tilde{W}^{\mathrm{T}}(k)\big[2\gamma(\mathcal{L} \otimes I_l) - 3\alpha_{\max}\gamma(\mathcal{L} \otimes I_l)^2$$

$$- 2\alpha_{\max}\gamma\varPhi(x(k))\varPhi(x(k))^{\mathrm{T}}(\mathcal{L} \otimes I_l)\big]\tilde{W}(k) \tag{6.20}$$

其中, $c_{\max} = \max\{c_1, \cdots, c_N\}$, $\rho = c_{\max}^2 + 2\alpha_{\max}c_{\max}\|\varPhi(x(k))^{\mathrm{T}}\varPhi(x(k))\|$, $\kappa = \|I_N + \varPhi(x(k))^{\mathrm{T}}\varGamma\varPhi(x(k))\|$ 和 $\nu = 1 + 3\alpha_{\max}\|\varPhi(x(k))^{\mathrm{T}}\varPhi(x(k))\|$. 选择参数 c_i、α_i 和 γ_i, 使得

$$\alpha_{\max} \leqslant \frac{1}{3}, \tag{6.21}$$

$$c_{\max} \leqslant \sqrt{\alpha_{\max}^2 + 1} - \alpha_{\max}, \tag{6.22}$$

$$\gamma_{\max} \leqslant \frac{2 - 2\alpha_{\max}}{3\alpha_{\max}\lambda_{\max}(\mathcal{L})}, \tag{6.23}$$

其中, $\gamma_{\max} = \max\{\gamma_1, \cdots, \gamma_N\}$. 因此, 当

$$\|r(k)\| > \frac{1}{1-\rho}[\kappa c_{\max}\varepsilon + \sqrt{\kappa^2 c_{\max}^2 \varepsilon^2 + N\nu\varepsilon^2(1-\rho)}] \tag{6.24}$$

时, $\Delta V \leqslant 0$ 成立. 类似地, 通过式 (6.20), 可得

$$\Delta V \leqslant -(1-\rho)\left(\|r(k)\| - \frac{\kappa c_{\max}\varepsilon}{1-\rho}\right)^2 - (\omega\|\tilde{W}\|^2 - N\nu\varepsilon^2 - \frac{\kappa^2 c_{\max}^2 \varepsilon^2}{1-\rho}),$$

其中,

$$\omega = \left[1 - 3\alpha_{\max}\left\|\Phi(x(k))^{\mathrm{T}}\Phi(x(k))\right\|\right]\left\|\Phi(x(k))\Phi(x(k))^{\mathrm{T}}\right\|$$
$$+ \|\gamma\|\left[2 - 3\gamma_{\max}\alpha\|\mathcal{L}\otimes I_l\| - 2\alpha_{\max}\left\|\Phi(x(k))\Phi(x(k))^{\mathrm{T}}\right\|\right]\|\mathcal{L}\otimes I_l\|.$$

因此, 当参数满足式 (6.21)~ 式 (6.23) 时, $\Delta V \leqslant 0$ 成立, 且

$$\|\tilde{W}\| > \frac{1}{\omega(1-\rho)}\sqrt{N\nu\varepsilon^2\omega(1-\rho)^2 + \kappa^2 c_{\max}\varepsilon^2\omega(1-\rho)}. \tag{6.25}$$

若式 (6.24) 或式 (6.25) 成立, 则 ΔV 非负. 由引理 2.21 知, 跟踪误差 $r_i(k)(i = 1, \cdots, N)$ 和 $\tilde{W}_i$ 是 UUB 的. 由式 (6.2) 知, $z_{i,n}(k)$ 是有界的. 最后, 根据如上的分析可知, 控制器 $u_i(k)$ 也是有界的. 因此, 闭环系统的所有信号均保持 UUB 的.

此外, 由不等式 (6.24) 可知, 对任意给定的常数, 如下不等式成立:

$$\varpi \geqslant \frac{\kappa c_{\max}\varepsilon + \sqrt{\kappa^2 c_{\max}^2 \varepsilon^2 + N\nu\varepsilon^2(1-\rho)}}{1-\rho} = O(\varepsilon),$$

则存在有限时间 K, 使得对任意的 $k > K$, $|r_i(k)| < \varpi$ 均成立, 也就是 $r_i(k) = O(\varepsilon)$. 因此, $x_i(k)$ 将在有限时间 K 内收敛到 $x_{d_i}(k)$ 的小邻域内.

(2) 首先, 在式 (6.7) 中, 定义 $b_{ij} = \gamma_i\alpha_{ij}$, 则式 (6.7) 等价于如下式子:

$$\begin{aligned}\hat{W}_i(k+1) ={}& \hat{W}_i(k) + \alpha_i r_i(k+1)S(x_i(k)) \\ &+ \alpha_i\sum_{j\in N_i} b_{ij}(\hat{W}_i(k) - \hat{W}_j(k)).\end{aligned} \tag{6.26}$$

定义拉普拉斯矩阵

$$\mathcal{L}_B = [l_{ij}^b] \in R^{N\times N},$$

其中, 当 $i \neq j$ 时, $l_{ij}^b = -b_{ij}$ 和 $l_{ii}^b = \sum_{j=1}^{N} b_{ij}$. 因为通信拓扑是无向连通的, 所以 $\mathcal{L} \otimes I_l$ 是对称半正定矩阵. 容易验证 $\mathcal{L}_B \otimes I_l$ 也是对称半正定矩阵, 因此存在半正定矩阵 $\mathcal{L}$ 使得 $\mathcal{L}_B \otimes I_l = \mathcal{L}\mathcal{L}^{\mathrm{T}}$ 成立. 因此, 式 (6.13) 等价于如下式子:

$$\tilde{W}(k+1) = \left[I - \Gamma\Psi(k)\Psi(k)^{\mathrm{T}}\right]\tilde{W}(k) + \Gamma\Phi(x(k))Cr(k) + \Gamma\Phi(x(k))\varepsilon(k),$$

其中, 记 $\Psi(k) = [\Phi(x(k))\mathcal{L}]$.

进一步, 沿着所有跟踪轨迹的并集 $\varphi_\zeta = \bigcup_{i=1}^{N} \varphi_{\zeta_i}$, 根据 NN 的局部特性, 可知

$$\begin{aligned}
\tilde{W}_\zeta(k+1) &= \left[I - \Gamma_\zeta\Psi_\zeta(k)\Psi_\zeta(k)^{\mathrm{T}}\right]\tilde{W}_\zeta(k) \\
&\quad + \Gamma_\zeta\Phi_\zeta(x(k))[Cr(k) + \varepsilon_\zeta(k)],
\end{aligned} \tag{6.27}$$

其中, $\varepsilon_\zeta(k) = \varepsilon(k) + \Phi_{\bar{\zeta}}(x(k))^{\mathrm{T}}\tilde{W}_{\bar{\zeta}}(k)$. 因为通过选择合适的参数, $\|r(k)\|$ 和 $\|\varepsilon(k)\|$ 都能任意小, 所以 $\Gamma_\zeta\Phi_\zeta(x(k))[Cr(k) + \varepsilon_\zeta(k)]$ 也能任意小. 由推论 2.1 可知, 要证明 $\tilde{W}_\zeta(k)$ 收敛到原点的一个小邻域内, 只需要证明 $\Psi(k)$ 满足 PE 条件. 也就是说, 存在正常数 β, 使得 $\Psi_i(k)$ 满足对 $\forall k_0 \in \mathbb{Z}_+$, 有如下不等式成立:

$$\begin{aligned}
\sum_{k=k_0}^{k_0+k_1-1} \Psi_\zeta(k)\Psi_\zeta(k)^{\mathrm{T}} &= \sum_{k=k_0}^{k_0+k_1-1} \Phi_\zeta(x(k))\Phi_\zeta(x(k))^{\mathrm{T}} + k_1(\mathcal{L}_B \otimes I_{l_\zeta}) \\
&\geqslant \beta I_{Nl_\zeta}.
\end{aligned} \tag{6.28}$$

当 $k > K$ 和 $\|r(k)\| = O(\varepsilon)$ 时, 可知状态轨迹 φ_{ζ_i} 能跟踪上参考轨迹 $\varphi_{d_{\zeta_{i,n}}}$, 这就意味着系统的状态 $x_i(k)$ 在时间 K 后的轨迹是周期或类周期的信号. 因此, 由引理 2.14 可知

$$\sum_{k=k_0}^{k_0+k_1-1} \sum_{i=1}^{N} S_\zeta(x_i(k))S_\zeta(x_i(k))^{\mathrm{T}} \geqslant \beta I_{Nl_\zeta}.$$

根据引理 2.5, 不等式 (6.28) 成立. 因此, $\tilde{W}_\zeta(k)$ 指数收敛到原点的小邻域内. 这就意味着所有的权值向量 $\hat{W}_{i_\zeta}(k)$ 指数收敛到公共最优值 W_ζ 的小邻域内.　　　□

利用式 (6.8), 可以直接得到如下推论.

推论 6.1　考虑由式 (6.1)、参考信号 $x_{d_{i,n}}(k)(i=1,\cdots,N)$、式 (6.5) 和式 (6.8) 组成的闭环系统. 对任意的周期或类周期的轨迹 $\varphi_{d_{i,n}}$, 初始条件为 $x_{d_i}(0) \in \Omega_{d_i}$, $x_i(0)$ 在紧集 Ω_{i_0} 内, $\hat{W}_i(0) = 0$, 则

(1) 选择合适的参数, 可以使得闭环系统中的所有信号都保持 UUB, 且状态跟踪误差 $x_i(k) - x_{d_i}(k)$ 收敛到原点的小邻域内;

(2) 沿着轨迹 φ_{i_ζ}, NN 权值估计 $\hat{W}_{i_\zeta}(k)$ 收敛到它自己的最优权值 W_{i_ζ} 的小邻域内;

(3) 沿着轨迹 $\varphi_{i_\zeta}(k)$, 在误差 ε 范围内, N 个不同的函数估计 $S(x_i(k))^{\mathrm{T}}\bar{W}_i$ 均能对未知的非线性函数 $f(x_i(k))$ 做出精确估计.

6.4　利用经验的学习控制

在这部分, 进一步研究学习到的 NN 控制器的性能. 考虑如下系统:

$$
\begin{cases}
\chi_{i,1}(k+1) = \chi_{i,2}(k), \\
\vdots \\
\chi_{i,n-1}(k+1) = \chi_{i,n}(k), \\
\chi_{i,n}(k+1) = f(\chi_i(k)) + u_i(k), i = 1, \cdots, N,
\end{cases} \tag{6.29}
$$

该系统与式 (6.1) 具有相同的结构, 即未知非线性函数 $f(\cdot)$ 相同, 其中 $\chi_i(k) = [\chi_1(k), \cdots, \chi_{i,n}(k)]^{\mathrm{T}} \in \mathbb{R}^n$ 和 $u_i(k)_i \in \mathbb{R}$ 分别是状态向量和控制输入. 我们的目标: 对给定的有界参考信号 $\chi_{d_{i,n}}(k)(i = 1, \cdots, N)$(记它的轨迹为 $\phi_{d_{i,n}}$, 并且在 $\varphi_d = \bigcup_{i=1}^{N} \varphi_{d_{i,n}}$ 的小邻域内). 基于采用 DCL 策略得到的知识 $S(\cdot)^{\mathrm{T}}\bar{W}_i(i = 1, \cdots, N)$ 设计控制器, 使得式 (6.29) 中的所有信号都保持 UUB, 并且状态估计误差 $\chi_{i,n} - \chi_{d_{i,n}}$ 收敛到原点的小邻域内.

基于采用 DCL 策略训练的 RBF NN $S(\cdot)^{\mathrm{T}}\bar{W}_i$, 设计如下控制器:

$$
u(k) = \chi_{d_n}(k+1) - S(\chi(k))^{\mathrm{T}}\bar{W}_i + cr(k) - \lambda_1 z_n - \cdots - \lambda_{n-1} z_2, \tag{6.30}
$$

其中, $r(k)$、$\lambda_j(j = 1, \cdots, n - 1)$ 和 $z_j(j = 2, \cdots, n)$ 都分别类似于式 (6.3) 和式 (6.4).

定理 6.2　考虑由式 (6.29)、参考信号 $\chi_{d_{i,n}}(k)$ 采用定理6.1提供的学习好的权值 $\bar{W}_i$ 的控制器 [式 (6.30)] 构成的闭环系统. 初始条件 $\chi_{d_{i,n}}(0)$, 确保参考轨迹 $\phi_{d_{i,n}}(\chi_{d_{i,n}}(0))$ 在 φ_d 的小邻域内, 对应的初始条件 $\chi_{i,n}(0)$ 在 $\varphi_{d_{i,n}}(\chi_{d_{i,n}}(0))$ 的小邻

域内, 则闭环系统的所有信号都保持 UUB, 且状态跟踪误差 $\chi_{i,n} - \chi_{d_{i,n}}$ 收敛到原点的小邻域内.

证明 类似于文献 [10] 中的定理 2, 很容易获得该定理. 不同之处是利用了定理 6.1(3) 中的结论, 即沿着 φ_d, 所有的 $S(\chi)\bar{W}_i(i=1,\cdots,N)$ 都能精确逼近未知函数 $f(\chi)$.   □

6.5 数 值 仿 真

例 6.1 为了验证 DCL 策略的有效性和优点, 考虑如下三个离散时间非线性系统:

$$\begin{cases} x_{i,1}(k+1) = x_{i,2}(k), \\ x_{i,2}(k+1) = \dfrac{x_{i,2}(k)}{1+x_{i,1}^2(k)} + u(k), i=1,2,3, \end{cases} \tag{6.31}$$

其中, $x_i(k) = [x_{i,1}(k), x_{i,2}(k)]^{\mathrm{T}}$ 是状态向量; $f(\cdot) = \dfrac{(\cdot)}{1+(\cdot)^2}$ 是未知非线性函数. 分段参考信号由如下 Henon 系统[80] 产生:

$$\begin{cases} x_{d_{i,1}}(k+1) = x_{d_{i,2}}(k), \\ x_{d_{i,2}}(k+1) = 0.3x_{d_{i,1}}(k) - \dfrac{x_{d_{i,2}}^2(k)}{p_i} + 1.4p_i, i=1,2,3, \end{cases}$$

其中, $[p_1, p_2, p_3] = [0.3, 0.5, 0.1]$, 所有的初始条件均设为 0. 它们的轨迹如图 6.1 所示.

首先, 采用式 (6.7), 通信拓扑如图 6.2(a) 所示. 式 (6.31) 的初始条件为 $x_1(0) = [1,1]^{\mathrm{T}}$, $x_2(0) = [-1,-1]^{\mathrm{T}}$ 和 $x_3(0) = [3,3]^{\mathrm{T}}$. 神经元个数选为 441, 中心 $\xi_j(j=1,2,\cdots,441)$ 均匀分布在 $[2,2]\times[2,2]$ 上, 宽度为 $\eta = 0.4$. 所有的 NN 权值 $\hat{W}_i(0)(i=1,2,3)$ 的初值均设为 0. 参数设计为 $c_i = 0.2$, $\alpha_i = 0.4$, $\lambda_{i,1} = 0.1(i=1,2,3)$ 和 $\gamma = 0.4$. NN 权值 $\bar{W}_i$ 是在 $k = 1000$ 后获得. 为了使跟踪和函数逼近效果更加清晰, 仅呈现 $k = 970$ 到 $k = 1000$ 之间仿真图. 由图 6.3 和图 6.4 可以看出, $x_i(k)$ 能够跟踪上参考信号 $x_{d_i}(k)$, $f(x_i(k))$ 也能被 $S(x_i(k))^{\mathrm{T}}\hat{W}_i(k)$ 很好的辨识. 图 6.5(a)

显示了 $\|\hat{W}_2 - \hat{W}_1\|$, $\|\hat{W}_3 - \hat{W}_2\|$ 和 $\|\hat{W}_i\|$ 的曲线, 从中能发现所有的 $\hat{W}_i$ 最终实现了一致. 图 6.5(b) 显示 NN 权值估计在所有的 $a_{ij} = 1 > 0$ 的情况下也实现了一致性, 也就是集中式学习策略的仿真效果. 通过比较图 6.5(a) 和图 6.5(b) 可知, DCL 策略的收敛速度比集中式学习策略确实慢. 进一步, 使用学习到的知识的仿真结果如图 6.6 所示. 很明显, 状态跟踪和函数逼近都是令人满意的. 为了验证该策略的泛化能力, 按照图 6.2(b) 所示的三个参考信号的交换顺序得到的逼近效果如图 6.7 所示, 从中能发现状态跟踪误差 $x_i(k) - x_{d_i}(k)$ 相当小, $S(x_i(k))^{\mathrm{T}}\bar{W}_i$ 依旧能很好地逼近未知非线性函数 $f(x_i)$.

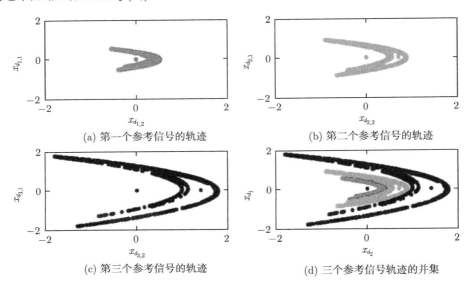

(a) 第一个参考信号的轨迹　　　　　　　　(b) 第二个参考信号的轨迹

(c) 第三个参考信号的轨迹　　　　　　　　(d) 三个参考信号轨迹的并集

图 6.1　三个参考信号的轨迹和它们的并集

(a) 通信拓扑　　　　　　　　　　　　(b) 相互交换三个参考信号的顺序

图 6.2　通信拓扑和相互交换三个参考信号的顺序

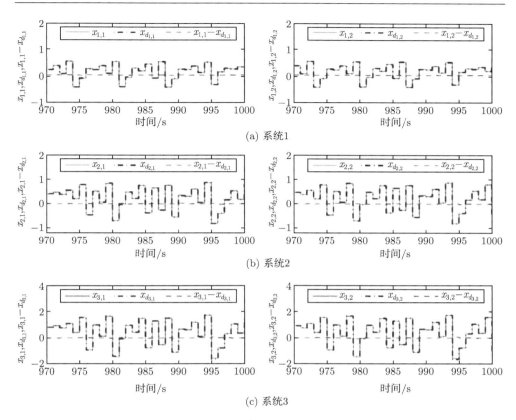

图 6.3 利用 DCL 策略得到的状态跟踪效果

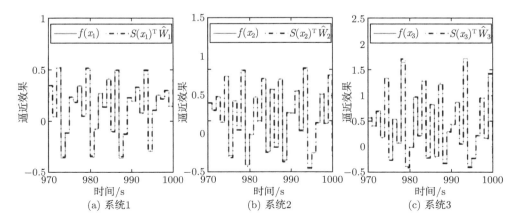

图 6.4 利用 DCL 策略得到的 NN 逼近效果

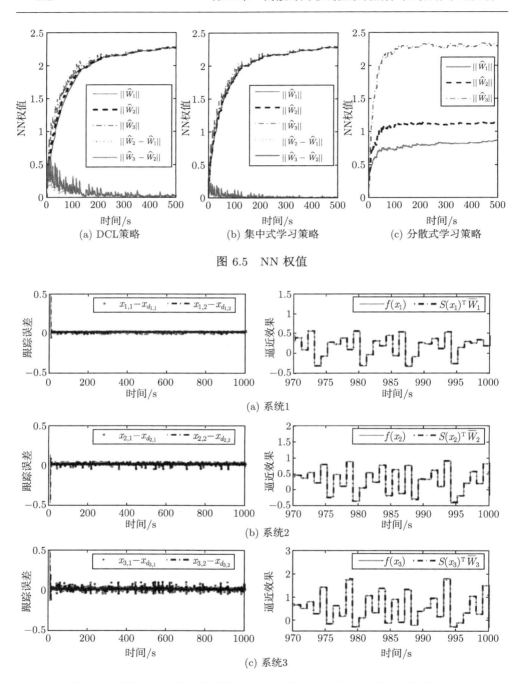

图 6.5　NN 权值

图 6.6　利用 DCL 策略得到的 NN 权值的跟踪误差和函数逼近的效果

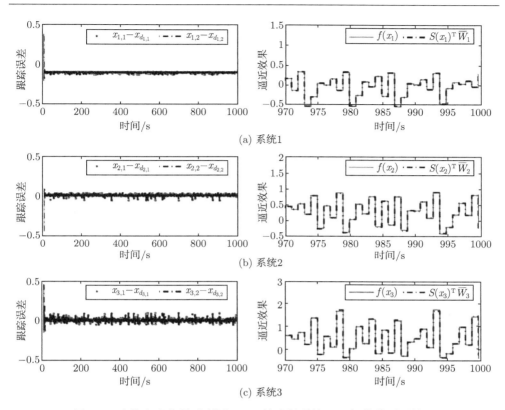

图 6.7 交换参考信号后利用 DCL 策略得到的 NN 权值的逼近效果

其次, 选择新的参考信号:

$$\begin{cases} \chi_{d_1}(k) = \chi_{d_2}(k-1), \\ \chi_{d_2}(k) = 0.4\sin(k) + 0.5, \end{cases} \tag{6.32}$$

其中, 初始值为 $\chi_{d_2}(0) = 0$, 它的轨迹和上述三个信号完全不一样, 但是在它们并集的邻域内. 设系统的初始条件为 $\chi(0) = [1,1]^T$, 利用学习到的 NN 权值设计控制器, 得到的仿真结果如图 6.8 所示, 可以看出跟踪效果和逼近效果都很好. 这说明由DCL 策略得到的学习模型具有很好的泛化能力. 相比较于 DL 策略, 利用式 (6.8), 并保持所有的设计参数和初始条件不变. 学习到的权值 $\bar{W}_i$ 也是在 1000s 后获得的. 权值的学习过程如图 6.5(c) 所示, 从中能发现三个权值完全不一样. 当三个参考信号和上面一样交换时得到的逼近效果如图 6.9 所示, 对于新的参考信号式 (6.32) 使用式 (6.8) 得到的逼近效果如图 6.10 所示. 从这两个图中, 均能发现状态跟踪和函数逼近都不能达到满意的效果.

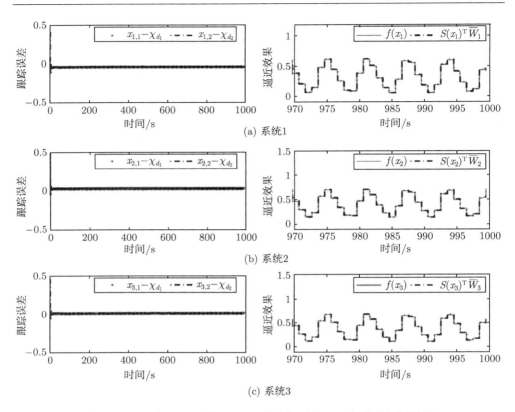

图 6.8 对于式 (6.32) 利用 DCL 策略得到的 NN 权值的逼近效果

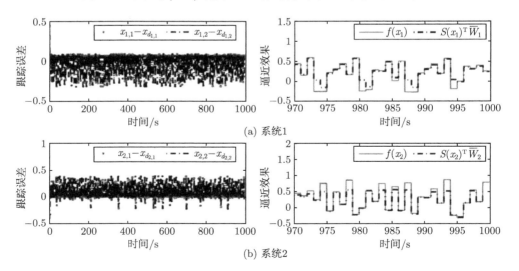

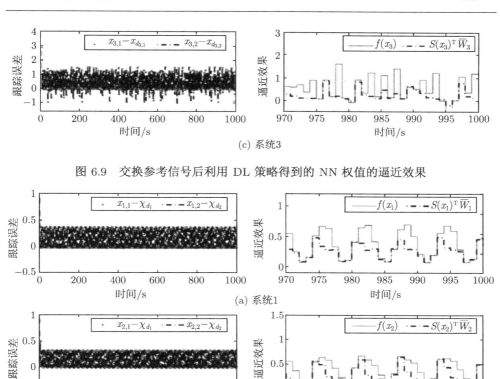

(c) 系统3

图 6.9 交换参考信号后利用 DL 策略得到的 NN 权值的逼近效果

(a) 系统1

(b) 系统2

(c) 系统3

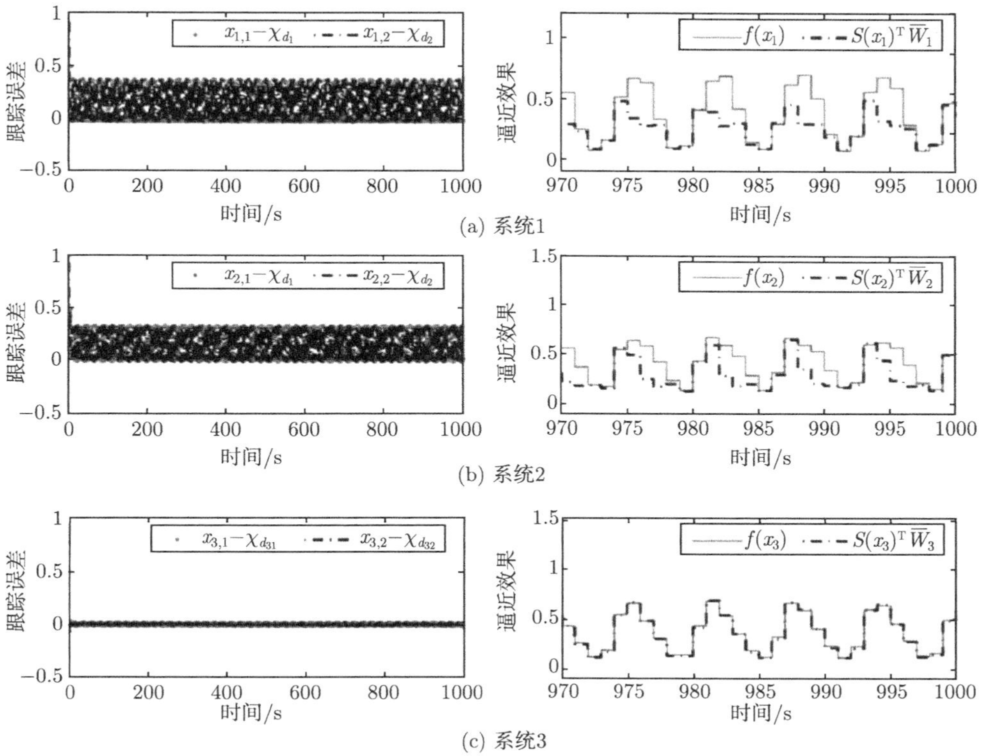

图 6.10 对于式 (6.32) 利用 DL 策略得到的 NN 权值的逼近效果

仿真结果充分验证了 DCL 策略比 DL 策略具有更好的泛化能力.

6.6 本 章 小 结

本章将 DCL 策略运用到离散时间非线性系统上来. 通过在 NN 自适应律之间

建立合适的通信拓扑, 使得所有的控制器都能够分享和利用邻居的信息. 分析发现, 沿着参考轨迹的并集, 所有的 NN 权值都收敛到它们公共最优值的小邻域内. 通过证明和仿真发现, 该策略比 DL 策略具有更好的泛化能力.

本章只是研究了一类单输入单输出的简单离散时间非线性系统, 且通信拓扑是无向连通的. 还有很多新的问题需要在今后的工作中去研究, 举例如下:

(1) 将 DCL 策略推广到更加一般的系统也是很有意义的, 如严格反馈系统、多输入多输出系统和输出反馈系统等.

(2) 本章主要从理论上分析 DCL 策略, 将来可以将它运用到实际问题当中, 如未知多智能体的编队问题.

参 考 文 献

[1] 袁震东. 系统辨识的起源发展与展望 [J]. 自然杂志, 1981, 4(1): 16-17.

[2] 茹菲, 李铁鹰. 人工神经网络系统辨识综述 [J]. 软件导刊, 2011, 10(3): 134-135.

[3] 杨承志, 张长胜. 系统辨识与自适应控制 [M]. 重庆: 重庆大学出版社, 2003.

[4] LJUNG L. System identification: theory for the user [M]. 2nd ed. Upper Saddle River: Prentice-Hall, 1999.

[5] KATAYAMA T. Subspace methods for system identification [M]. New York: Springer, 2005.

[6] NAENDRA K S, PARTHASARATHY K. Identification and control of dynamic systems using neural networks [J]. IEEE Transactions on Neural Networks, 1990, 1(1): 4-27.

[7] KOSMATOPOULOS E B, POLYCARPOU M M, CHRISTODOULOU M A, et al. High-order neural network structures for identification of dynamical systems [J]. IEEE Transactions on Neural Networks, 1995, 6(2): 422-431.

[8] KOSMATOPOULOS E B, CHRISTODOULOU M A, IOANNOU P A. Dynamical neural networks that ensure exponential identification error convergence [J]. Neural Networks, 1997, 10(2): 299-314.

[9] LU S W, BASAR T. Robust nonlinear system identification using neural network models [J]. IEEE Transactions on Neural Networks, 1998, 9(3): 407-429.

[10] WANG C, HILL D J. Learning from neural control [J]. IEEE Transactions on Neural Networks, 2006, 17(1): 130-146.

[11] CHEN W S, HUA S Y, REN W L. Neural-network-based cooperative adaptive identification of nonlinear system [C]. International Conference on Control Automation Robotics, 2012: 64-69.

[12] CHEN W S, HUA S Y, ZHANG H G. Consensus-based distributed cooperative learning from closed-loop neural control systems [J]. IEEE Transactions on Neural Networks and Learning Systems, 2015, 26(2): 331-345.

[13] WANG C, HILL D J. Deterministic learning theory for identification, recognition, and control [M]. London: CRC Press, 2009.

[14] CHEN W S, WEN C Y, HUA S Y, et al. Distributed cooperative adaptive identi-
      fication and control for a group of continuous-time systems with a cooperative PE
      condition via consensus [J]. IEEE Transaction on Automatic Control, 2014, 59(1):
      91-106.

[15] KURDILA A J, NARCOWICH F J, WARD J D. Persistancy of excitation in iden-
      tification using radial basis function approximants [J]. SIAM Journal on Control and
      Optimization, 1995, 33(2): 625-642.

[16] LI H Y, BAI L, WANG L J, et al. Adaptive neural control of uncertain nonstrict-
      feedback stochastic nonlinear systems with output constraint and unknown dead
      zone [J]. IEEE Transactions on Systems, Man, and Cybernetics:Systems, 2017, 47(8):
      2048-2059.

[17] WANG D, HUANG J. Neural network-based adaptive dynamic surface control for a
      class of uncertain nonlinear systems in strict-feedback form [J]. IEEE Transaction on
      Neural Network, 2005, 16(1): 195-202.

[18] GE S S, HANG C C, LEE T H, et al. Stable adaptive neural network control [M].
      Boston: Kluwer, 2001.

[19] LIU Y J, CHEN C L P, WEN G X, et al. Adaptive neural output feedback tracking
      control for a class of uncertain discretetime nonlinear systems [J]. IEEE Transaction
      on Neural Network, 2011, 22(7): 1162-1167.

[20] LIU Y J, TANG L, TONG S C, et al. Reinforcement learning design-based adaptive
      tracking control with less learning parameters for nonlinear discrete-time MIMO sys-
      tems [J]. IEEE Transaction on Neural Network and Learning System, 2015, 26(1):
      165-176.

[21] CHEN M, GE S S. Robust adaptive neural network control for a class of uncertain
      MIMO nonlinear systems with input nonlinearities [J]. IEEE Transaction on Neural
      Network, 2010, 21(5): 796-812.

[22] JUANG J N, PHAN M Q. Nonlinear identification and control: a neural network
      approach [M]. Cambridge: Cambridge University Press, 2001.

[23] PENG Z H, WANG D, ZHANG H W, et al. Distributed neural network control for
      adaptive synchronization of uncertain dynamical multiagent systems [J]. IEEE Tran-

sactions on Neural Networks and Learning Systems, 2014, 25(8): 1508-1519.

[24] CHEN M, GE S S, HOW B. Robust adaptive neural network control for a class of uncertain MIMO nonlinear systems with input nonlinearities [J]. IEEE Transaction on Neural Network, 2010, 21(5): 796-812.

[25] XU B, YANG C G, SHI Z K. Reinforcement learning output feedback NN control using deterministic learning technique [J]. IEEE Transaction on Neural Network and Learning System, 2014, 25(3): 635-641.

[26] WU Z G, SU H Y, CHU J, et al. Improved delay-dependent stability condition of discrete recurrent neural networks with timevarying delays [J]. IEEE Transaction on Neural Network, 2010, 21(4): 692-697.

[27] WU Z G, SHI P, SU H, et al. Delay-dependent stability analysis for switched neural networks with time-varying delay [J]. IEEE Transaction on System, Man, and Cybernetics: Part B-Cybernetics, 2011, 41(6): 1522-1530.

[28] XU B, SHI Z K, YANG C G, et al. Composite neural dynamic surface control of a class of uncertain nonlinear systems in strict-feedback form [J]. IEEE Transactions on Cybernetics, 2014, 44(12): 2626-2634.

[29] CUI R X, YANG C G, LI Y, et al. Adaptive neural network control of AUVs with control input nonlinearities using reinforcement learning [J]. IEEE Transactions on Systems, Man, and Cybernetics:Systems, 2017, 47(6): 1019-1029.

[30] CHEN M, GE S S. Direct adaptive neural control for a class of uncertain nonaffine nonlinear systems based on disturbance observer [J]. IEEE Transaction on Cybernetics, 2013, 43(4): 1213-1225.

[31] DAI S L, WANG C, WANG M. Dynamic learning from adaptive neural network control of a class of nonafine nonlinear systems [J]. IEEE Transactions on Neural Networks and Learning Systems, 2014, 25(1): 111-123.

[32] YUAN C Z, WANG C. Persistency of excitation and performance of deterministic learning [J]. Systems Control Letters, 2011, 60(12): 952-959.

[33] WANG C, HILL D. Deterministic learning and rapid dynamical pattern recognition [J]. IEEE Transactions on Neural Networks, 2007, 18(3): 617-630.

[34] WANG C, CHEN T R. Rapid detection of small oscillation faults via deterministic lear-

ning [J]. IEEE Transactions on Neural Networks, 2011, 22(8): 1284-1296.

[35] JADBABAIE A, LIN J, MORSE A S. Coordination of groups of mobile autonomous agents using nearest neighbor rules [J]. IEEE Transaction on Automatic Control, 2003, 48(66): 988-1001.

[36] OLFATI-SABER R, FAX J A, MUAARY R M. Consensus and cooperation in networked multi-agent systems [J]. Proceedings of the IEEE, 2007, 95(1): 215-233.

[37] REN W, CAO Y C. Distributed coordination of multi-agent networks: emergent problems, models, and issues [M]. London: Springer-Verlag, 2011.

[38] MESBAHI M, EGERSTEDT M. Graph theoretic methods in multiagent networks [M]. Princeton: Princeton University Press, 2010.

[39] ASTCOM K J, BERNHARDSSON B. Comparison of periodic and event based sampling for first-order stochastic systems [C]. Proceedings of IFAC World Congress, 1999: 301-306.

[40] TABUADA P. Event-triggered real-time scheduling of stabilizing control tasks [J]. IEEE Transactions on Automatic Control, 2007, 52(9): 1680-1685.

[41] GRACIA E, ANTSAKILS P J. Model-based event-triggered control for systems with quantization and time-varying network delays [J]. IEEE Transaction on Automatic Control, 2013, 58(2): 422-434.

[42] GARCIA E, ANTSAKLIS P J. Event-triggered output feedback stabilization of networked systems with external disturbance [C]. Proceedings of the IEEE Conference on Decision and Control, 2015: 3566-3571.

[43] SEYBOTH G S, DIMAROGONAS D V, JOHANSSON K H. Event-based broadcasting for multi-agent average consensus [J]. Automatica, 2013, 49(1): 245-252.

[44] CHENG T H, KAN Z, KLOTZ J R, et al. Event-triggered control of multiagent systems for fixed and time-varying network topologies [J]. IEEE Transaction on Automatic Control, 2017, 62(10): 5365-5371.

[45] WANG X F, LEMMON M D. Event-triggering in distributed networked control systems [J]. IEEE Transaction on Automatic Control, 2011, 56(3): 586-601.

[46] WU Z G, XU Y, LU R Q, et al. Event-triggered control for consensus of multiagent systems with fixed/switching topologies [J]. IEEE Transactions on Systems, Man, and

Cybernetics: Systems, 2017, 99: 1-11.

[47]   HEEMELS W P M H, JOHANSSON K H, TABUASA P. An introduction to event-triggered and self-triggered control [C]. Proceedings of the 51st IEEE Conference on Decision and Control, 2012: 3270-3285.

[48]   DONKERS M C F, HEEMELS W P M H. Output-based event-triggered control with guaranteed $\mathcal{L}_\infty$-gain and improved and decentralized event-triggering [J]. IEEE Transaction on Automatic Control, 2012, 57(6): 1362-1376.

[49]   LEHMANN D, LUNZE J. Extension and experimental evaluation of an event-based state-feedback approach [J]. Control Engineering Practice, 2011, 19(2): 101-112.

[50]   DAI H, CHEN W S, JIA J P, et al. Exponential synchronization of complex dynamical networks with time-varying inner coupling via event-triggered communication [J]. Neurocomputing, 2017, 245(5): 124-132.

[51]   SAHOO A, XU H, JAGANNATHAN S. Neural network-based event-triggered state feedback control of nonlinear continuous-time systems [J]. IEEE Transactions on Neural Networks and Learning Systems, 2016, 27(3): 497-509.

[52]   AL-AREQI S, GORGES D, LIU S. Event-based control and scheduling codesign: stochatic and robust approaches [J]. IEEE Transaction on Automatic Control, 2015, 60(5): 1291-1303.

[53]   AGAEV R P, CHEBOTAREV P Y. The matrix of maximum out forests of a digraph and its applications [J]. Institute of Control Science, 2000, 61(9): 1424-1450.

[54]   LAUB A J. Matrix analysis for scientists & engineers [M]. Philadelphia: SIAM, 2005.

[55]   PARK J, SANDBERG I W. Universal approximation using radial-basis-function networks [J]. Neural Computation, 1991, 3: 246-257.

[56]   PANTELEY E, LORIA A, TEEL A. Relaxed persistency of excitation for uniform asymptotic stability [J]. IEEE Transaction on Automatic Control, 2001, 46(12): 1874-1886.

[57]   SADEGH N A. A perceptron network for functional identification and control of nonlinear systems [J]. IEEE Transcations on Neural Networks, 1993, 4(6):982-988.

[58]   YANG C G, GE S S, XIANG C, et al. Output feedback NN control for two classes of discrete-time systems with unknown control directions in a unified approach [J]. IEEE

Transactions on Neural Networks, 2008, 19(11): 1873-1886.

[59]　KURDILA A J, NARCOWICH F J, WARD J D. Persistence of excitation in identification using radial basis function approximants [J]. SIAM Journal of Control and Optimization, 1995, 33(2): 625-642.

[60]　LORIA A, PANTELEY E. Uniform exponential stability of linear timevarying systems: Revisited [J]. Systems and Control Letters, 2002, 47(1): 13-24.

[61]　IOANNOU P A, FIDAN B. Adaptive control tutorial [M]. Philadelphia: SIAM, 2006.

[62]　JAGANNATHAN S. Neural network control of nonlinear discrete-time systems [M]. Boca Raton: Taylor & Francis, 2006.

[63]　CHEN X, LI Y M. Smooth formation navigation of multiple mobile robots for avoiding moving obstacles [J]. International of Control, Automation and Systems, 2006, 4(4): 466-479.

[64]　ASTROM K J, WITTENMARK B. Adaptive control [M]. Boston: Addison-Wesley Longman Publishing, 1989.

[65]　GOODWIN G C, SIN K S. Adaptive filtering prediction and control [M]. Upper Saddle River: Prentice-Hall, 1984.

[66]　NARENDRA K S, ANNASWAMY A M. Stable adaptive systems [M]. Upper Saddle River: Prentice-Hall, 1989.

[67]　KRSTIC M, KANELLAKOPOULOS I, KOKOTOVIC P V. Nonlinear and adaptive control design [M]. New York: Wiley, 1995.

[68]　WEN C Y. Decentralized adaptive regulation [J]. IEEE Transactions on Automatic Control, 1994, 39(10): 2163-2166.

[69]　WEN C Y, ZHOU J, WANG W. Decentralized adaptive backstepping stabilization of interconnected systems with dynamic input and output interactions [J]. Automatica, 2009, 45(1): 55-67.

[70]　HONG Y G, GAO L X, CHENG D Z, et al. Lyapunov-based approach to multiagent systems with switching jointly connected interconnection [J]. IEEE Transactions on Automatic Control, 2007, 52(5): 943-948.

[71]　TUNA S E. Sufficient conditions on observability Grammian for synchronization in array of coupled linear time-varying systems [J], IEEE Transactions on Automatic

Control, 2010, 55(11): 2586-2590.

[72] PHILLIPS C L, HABOR R D. Feedback control systems [M]. New York: Simon & Schuster, 1995.

[73] CHEN W S, HUA S Y, REN W L, et al. Neural-network-based cooperative adaptive identification of nonlinear systems [C]. Proceeding of the 12th International Conference on Control Automation Robotics Vision, 2012: 64-69.

[74] NARENDRA K S, HAN Z. The changing face of adaption control: the use of multiple modela [J]. Annual Reviews in Control, 2011, 35(1): 1-12.

[75] PANTELEY E, LORIA A, TEEL A. Relaxed persistency of excitation for uniform asymptotic stability [J]. IEEE Transaction on Automatic Control, 2001, 46(12): 1874-1886.

[76] ZENG W, WANG C. Learning from NN output feedback control of robot manipulators [J]. Neurocomputing, 2014, 125(11): 172-182.

[77] DESAI J P, OSTROWSKI J P, KUMAR V. Modeling and control of formations of nonholonomic mobile robots [J]. IEEE Transactions on Robotics and Automation, 2001,17(6): 905-908.

[78] KHALIL H K. Nonlinear system. [M]. 3rded. Upper Saddle River: Prentice-Hall, 2002.

[79] WANG C, HILL D J. Learning from neural control [J]. IEEE Transactions on Neural Networks, 2006, 17(1): 130-146.

[80] HENON M. A two-dimensional mapping with a strange attractor [J]. Communications in Mathematical Physics, 1976, 50: 69-77.